数学クラシックス 第29巻

L.V.アールフォルス [著]
谷口 雅彦 [訳]

擬等角写像講義

丸善出版

This work was reprinted with corrections in English by the American Mathematical Society, under the title *Lectures on Quasiconformal Mappings, Second Edition*, by Lars V. Ahlfors (2006). Copyright © [1966] held in the name of the Lars V. Ahlfors Trust of 1993. The present translation was created for Maruzen Publishing Co., Ltd. by authorization of the Lars V. Ahlfors Trust of 1993 and the American Mathematical Society and is published under license.

Japanese translation rights arranged with American Mathematical Society through Japan UNI Agency, Inc., Tokyo

目 次

謝　辞		v
第 I 章	可微分擬等角写像	1
A.	Grötzsch の問題と定義	2
B.	Grötzsch の問題の解	6
C.	合成写像	7
D.	極値的長さ	9
E.	対称原理	14
F.	ディリクレ積分	16
第 II 章	一般的定義	19
A.	幾何学的定義	19
B.	解析的定義	22
第 III 章	極値的な幾何学的性質	33
A.	三種の極値問題	33
B.	楕円関数とモジュラー関数	37
C.	森(明)の定理	45
D.	四点配置	51
第 IV 章	境界対応	59
A.	M-条件	59

    B. M-条件の十分性 64
    C.   擬等長写像 68
    D.   擬等角鏡映変換 69
    E.   逆の主張（擬等角鏡映の存在条件）........ 76

第 V 章　写像定理　　　　　　　　　　　　　　　79
    A.   二つの積分作用素 79
    B.   写像問題の解 83
    C.   パラメータへの依存性 92
    D.   Calderón–Zygmund の不等式 97

第 VI 章　タイヒミュラー空間　　　　　　　　　　107
    A.   準備 107
    B.   ベルトラミ微分 110
    C.   （普遍タイヒミュラー空間）Δ は開集合である 118
    D.   無限小での考察（接空間）............... 126

第二版編者注　　　　　　　　　　　　　　　　　135

付録　訳者による補足　　　　　　　　　　　　　137

訳者あとがき　　　　　　　　　　　　　　　　　165

索　引　　　　　　　　　　　　　　　　　　　　167

謝　辞

　この講義録の原稿は，著者自身の手書きの大ざっぱなノートをもとに Clifford Earle 博士により作成された．博士は多くの重大な誤りを正し，計算を確認し，講義の断片が次の断片につながるようにたくさんの説明を補ってくれた．これらの献身的な尽力がなければ，この講義録は決して読むに堪えるものにはならなかったであろう．

　ただ，この短い内輪向けの講義録としての特徴を残すため索引はつけず[1]，参考文献もいくら控えめにいっても「疎ら」にしか与えなかった．実際，この講義録の主題はゆっくりと発展してきていて，個々の着想が誰に帰するのかを明確には指摘できない場合もあることを，この分野の専門家なら分かるだろう．

　なお原稿入力は，空軍補助金 AFOSR-393-63 の補助を受け，プリンストン大学の Caroline W. Browne 女史が見事に行ってくれた．

---

[1] ［訳註］読者の便宜のために，本書では索引をつけた．

第I章　可微分擬等角写像

はじめに

　近年複素1変数の解析関数論において，擬等角写像が頻繁に登場するようになったのには，いくつかの理由がある．

　1. 最も皮相的な理由は，擬等角写像が等角写像の自然な一般化であるからだ．しかしこの理由だけからだったのなら，擬等角写像はすぐに忘れ去られてしまっていただろう．

　2. 初期のころには，等角写像に対する多くの結果が擬等角性しか使っていないことが指摘された．したがって等角性がいつ本質的に必要で，いつそうでないのかを決定することにはそれなりの価値はある．

　3. そもそも擬等角写像は等角写像より融通が利くので，道具としては使いやすい．これが擬等角写像の効能書きの典型例である．たとえば，単連結リーマン面の型問題に関する定理を証明するために用いられたりした（が，今やほとんど忘れ去られている）．

　4. 擬等角写像は，ある種の楕円型偏微分方程式の研究において重要である．

　5. 擬等角写像に関する極値問題は，平面領域やリーマン面に付随する解析関数を誘導する．これはタイヒミュラーが発見した驚くべき深遠な成果であった．

　6. （リーマンの）モジュライの問題は，擬等角写像を使って解決された．擬等角写像はまた，フックス群やクライン群の研究にも有用である．

7. 等角写像は，（実）多変数の場合に一般化すると退化する．しかし擬等角写像はそうではない．ただ，このような研究はまだ揺籃期にある．

A. Grötzschの問題と定義

擬等角写像の概念は，命名以前の 1928 年に H. Grötzsch により導入された．Q を正方形とし R を正方形でない長方形とすると，頂点を頂点にうつす Q から R の上への等角写像は存在しない．そこで Grötzsch は代わりに，同じ条件を満たし最も等角写像に近い写像を求めようとした．このとき等角写像との近さを測る尺度が必要になるが，Grötzsch はそのような尺度を導入し，擬等角写像論創成の第一歩を踏み出したのである．

Grötzsch の研究はおしなべて認知されるのが遅かったが，この概念もまた奇異なものと見なされ，何年も放置されたままになっていた．擬等角写像の概念が再び現れるのは 1935 年の Lavrentiev の研究においてであったが，偏微分方程式論の視点からのものであった．1936 年に私（アールフォルス）は被覆面の理論において擬等角な場合にも言及したが，それ以降，擬等角写像（qc 写像）の概念は広く知られるようになった．1937 年にはタイヒミューラーが qc 写像を使って重要な定理を示し始め，やがて qc 写像そのものについての定理も得られていったのである．

さて，Grötzsch の定義に戻ろう[1]．$w = f(z)$ $(z = x + iy, w = u + iv)$ をある領域からその像への C^1 級の（微分）同相写像とする．このとき，（定義域の）点 z_0 で，$w = f(z)$ は微分（形式）の間の線形写像

$$(1) \quad \begin{aligned} du &= u_x\, dx + u_y\, dy \\ dv &= v_x\, dx + v_y\, dy \end{aligned}$$

を誘導する．これは複素微分形式を使って

$$(2) \quad dw = f_z\, dz + f_{\bar z}\, d\bar z$$

とも書ける．ただし，

---

[1] ［訳註］講義の理解のために必要な基礎知識などについては，付録の補足説明 (I) を見よ．

A. Grötzsch の問題と定義

(3) $$f_z = \frac{1}{2}(f_x - if_y), \quad f_{\bar{z}} = \frac{1}{2}(f_x + if_y)$$

である．

幾何学的には，(1) は (dx, dy) 平面から (du, dv) 平面へのアフィン変換を表している．この変換は，原点中心の円を互いに相似な楕円にうつすが，そのような楕円の軸の長さの比や向きを計算しよう．

古典的な（微分幾何学の）記法では，

(4) $$du^2 + dv^2 = E\,dx^2 + 2F\,dx\,dy + G\,dy^2$$

とも表される．ここで

$$E = u_x^2 + v_x^2, \quad F = u_x u_y + v_x v_y, \quad G = u_y^2 + v_y^2$$

である．したがって固有値は

(5) $$\begin{vmatrix} E - \lambda & F \\ F & G - \lambda \end{vmatrix} = 0$$

の解で，

(6) $$\lambda_1, \lambda_2 = \frac{E + G \pm [(E - G)^2 + 4F^2]^{1/2}}{2}$$

である．特に，軸の長さ a, b の比 a/b は

(7) $$\left(\frac{\lambda_1}{\lambda_2}\right)^{1/2} = \frac{E + G + [(E - G)^2 + 4F^2]^{1/2}}{2(EG - F^2)^{1/2}}$$

となる．

複素形で表すともっと分かりやすい．まず

(8) $$\begin{aligned} f_z &= \frac{1}{2}(u_x + v_y) + \frac{i}{2}(v_x - u_y) \\ f_{\bar{z}} &= \frac{1}{2}(u_x - v_y) + \frac{i}{2}(v_x + u_y) \end{aligned}$$

だったから，

$$
(9) \qquad |f_z|^2 - |f_{\bar{z}}|^2 = u_x v_y - u_y v_x = J,
$$

すなわちヤコビ行列式となる．ヤコビ行列式は，向きを保つ写像に対し正となり，向きを逆にする写像に対しては負となるが，当面は向きを保つ写像のみを考えることにする．つまり，$|f_{\bar{z}}| < |f_z|$ が成り立つとする．

このとき，(2) から

$$
(10) \qquad (|f_z| - |f_{\bar{z}}|)|dz| \leq |dw| \leq (|f_z| + |f_{\bar{z}}|)|dz|
$$

で，それぞれの等号が成り立つ場合も実際に生じる．したがって長軸と短軸の長さの比は

$$
(11) \qquad D_f = \frac{|f_z| + |f_{\bar{z}}|}{|f_z| - |f_{\bar{z}}|} \geq 1
$$

となる．この値を，点 z における**歪曲度**と呼ぶ．ここで

$$
(12) \qquad d_f = \frac{|f_{\bar{z}}|}{|f_z|} < 1
$$

を考えた方が都合がよいことも多い．D_f とは

$$
(13) \qquad D_f = \frac{1 + d_f}{1 - d_f}, \quad d_f = \frac{D_f - 1}{D_f + 1}
$$

という関係がある．ここで，点 z で写像が等角であることと $D_f = 1$ つまり $d_f = 0$ であることとは同値である．

また，

$$
\frac{f_{\bar{z}}\, d\bar{z}}{f_z\, dz}
$$

が正値のとき式 (10) の右側の等号が成り立ち，負値のとき左側の等号が成り立つ．ここで**複素歪曲度**を

$$
(14) \qquad \mu_f = \frac{f_{\bar{z}}}{f_z}
$$

で定義すると $|\mu_f| = d_f$ で，式 (10) の最大値は

$$
(15) \qquad \arg dz = \alpha = \frac{1}{2} \arg \mu_f
$$

の方向に対応し，最小値は $\alpha \pm \pi/2$ の方向に対応する[2]．dw 平面では長軸の方向は

$$\arg dw = \beta = \frac{1}{2}\arg \nu_f \tag{16}$$

である[3]．ただし

$$\nu_f = \frac{f_{\bar{z}}}{\overline{f_{\bar{z}}}} = \left(\frac{f_z}{|f_z|}\right)^2 \mu_f \tag{17}$$

とした．この ν_f は**第 2 複素歪曲度**とでも呼べる量である．

以上の説明を直観的に図示すると，次の図になる．

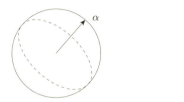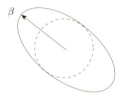

また，$\beta - \alpha = \arg f_z$ であることにも注意せよ．

定義 1 上述の写像 f は D_f が有界のとき**擬等角**，あるいは簡単に **qc** であるという．さらに $D_f \leq K$ のとき ***K*-擬等角**あるいは ***K*-qc** であるという．

条件 $D_f \leq K$ は条件 $d_f \leq k = (K-1)/(K+1)$ と同値である．また，1-擬等角写像は等角である．

さて，「写像が C^1-級である」という仮定が「自然な仮定」からほど遠いことは明らかであろう．したがってこの仮定を速やかに取り除かなければならないが，しばらく（この章では）C^1-級の（微分）同相写像の場合に制限して講義を続けたい．

---

[2] ［訳註］$dw = (1 + \mu_f e^{-2i\alpha})f_z\,dz$ である．
[3] ［訳註］前注より，$\arg dw = \arg f_z + \alpha$ である．

B.　Grötzsch の問題の解

Grötzsch の問題に戻り，f が最も「等角写像に近い」とは $\sup D_f$ が最も小さいことであると定める．

R と R' を二つの長方形とし，その辺の長さをそれぞれ a, b と a', b' とする．ここで（必要なら辺の順序を変えて）$a : b \leq a' : b'$ と仮定してよい[4]．また，a-辺（長さ a の辺）を a'-辺に，b-辺を b'-辺にうつす写像 f を考える．

このとき，順に
$$a' \leq \int_0^a |df(x+iy)| \leq \int_0^a (|f_z| + |f_{\bar{z}}|)\, dx$$
$$a'b \leq \int_0^a \int_0^b (|f_z| + |f_{\bar{z}}|)\, dx\, dy$$
$$a'^2 b^2 \leq \int_0^a \int_0^b \frac{|f_z| + |f_{\bar{z}}|}{|f_z| - |f_{\bar{z}}|}\, dx\, dy \int_0^a \int_0^b (|f_z|^2 - |f_{\bar{z}}|^2)\, dx\, dy$$
$$= a'b' \int_0^a \int_0^b D_f\, dx\, dy$$

が示せる．したがって

(1) $$\frac{a'}{b'} : \frac{a}{b} \leq \frac{1}{ab} \int_0^a \int_0^b D_f\, dx\, dy$$

が成り立ち，特に

$$\frac{a'}{b'} : \frac{a}{b} \leq \sup D_f$$

となる．

---

[4]　[訳註] 以下，$a : b$ は a/b を意味する．

ここで等号は，アフィン写像
$$f(z) = \frac{1}{2}\left(\frac{a'}{a} + \frac{b'}{b}\right) z + \frac{1}{2}\left(\frac{a'}{a} - \frac{b'}{b}\right)\overline{z}$$
のとき成り立つ．

定理 1 上記のアフィン写像 $f(z)$ は，最小の最大歪曲度と最小の平均歪曲度を持つ[5]．

比 $m = a/b$ や $m' = a'/b'$ は R や R' の（向きも考えた）**モジュラス**と呼ばれる．以上の議論で，R から R' への K-擬等角 (K-qc) 写像が存在するための必要十分条件が

(2) $$\frac{1}{K} \leq \frac{m'}{m} \leq K$$

であることが分かった．

C. 合成写像

合成写像 $g \circ f$ の複素偏微分係数や複素歪曲度を計算しよう．ただこのままでは記号が足りないので，もう一つ中間の変数として $\zeta = f(z)$ を用いる．

まず，よく知られた公式より

(1)
$$(g \circ f)_z = (g_\zeta \circ f) f_z + (g_{\bar{\zeta}} \circ f) \overline{f_{\bar{z}}}$$
$$(g \circ f)_{\bar{z}} = (g_\zeta \circ f) f_{\bar{z}} + (g_{\bar{\zeta}} \circ f) \overline{f_z}$$

である．したがって $J = |f_z|^2 - |f_{\bar{z}}|^2$ として

(2)
$$g_\zeta \circ f = \frac{1}{J}\left[(g \circ f)_z \overline{f_z} - (g \circ f)_{\bar{z}} \overline{f_{\bar{z}}}\right]$$
$$g_{\bar{\zeta}} \circ f = \frac{1}{J}\left[(g \circ f)_{\bar{z}} f_z - (g \circ f)_z f_{\bar{z}}\right]$$

を得る．

$g = f^{-1}$ のとき，この公式は

---

[5] ［訳註］最小の「平均歪曲度」を持つ写像はアフィン写像だけではない．

8　第 I 章　可微分擬等角写像

(3) $$(f^{-1})_\zeta \circ f = \overline{f_{\bar z}}/J, \quad (f^{-1})_{\bar\zeta} \circ f = -f_{\bar z}/J$$

となる.

したがって, たとえば

(4) $$\mu_{f^{-1}} = -\nu_f \circ f^{-1}$$

を得る[6]が, さらに絶対値を取れば

(5) $$d_{f^{-1}} = d_f \circ f^{-1}$$

である.

言い換えれば, 逆写像は対応する点で同じ歪曲度を持つ.

一般に式 (2) から

(6) $$\mu_g \circ f = \frac{f_z}{\overline{f_{\bar z}}} \frac{\mu_{g \circ f} - \mu_f}{1 - \overline{\mu_f}\mu_{g \circ f}}$$

が得られる. 特に g が等角なら $\mu_g = 0$ だから

(7) $$\mu_{g \circ f} = \mu_f$$

となる. f が等角のときは $\mu_f = 0$ だから

(8) $$\mu_g \circ f = \left(\frac{f'}{|f'|}\right)^2 \mu_{g \circ f}$$

となるが, これは

(9) $$\nu_g \circ f = \nu_{g \circ f}$$

とも表せる. いずれの場合も, 等角写像による変換で歪曲度は不変である.

$g \circ f = h$ とおくと (6) 式は

(10) $$\mu_{h \circ f^{-1}} \circ f = \frac{f_z}{\overline{f_{\bar z}}} \frac{\mu_h - \mu_f}{1 - \overline{\mu_f}\mu_h}$$

と書き換えられ, 歪曲度は

---

[6]　[訳註] ν_f は A 節 (17) 式で定義した第 2 複素歪曲度である.

(11) $$d_{h \circ f^{-1}} \circ f = \left| \frac{\mu_h - \mu_f}{1 - \overline{\mu_f}\mu_h} \right|$$

を満たす．さらに（$\{|w|<1\}$ 上の双曲計量 $ds = \frac{2|dw|}{1-|w|^2}$ に関する）双曲距離 [,] を用いれば

(12) $$\log D_{h \circ f^{-1}} \circ f = [\mu_h, \mu_f]$$

が成り立つ．

　ここで $\sup[\mu_h, \mu_f]$ を f と h との（タイヒミュラー）距離として使えることは明らかだろう．実際，等角写像の合成だけしか違わない写像を同一視すれば距離になる．

　なお，K_1-qc 写像と K_2-qc 写像との合成は $K_1 K_2$-qc である．

D.　極値的長さ

　Γ を平面上の曲線族とし，各 $\gamma \in \Gamma$ は開弧，閉弧，または閉曲線の高々可算個の和集合とする．また，γ の任意の閉部分弧は求長可能であると仮定する．Γ を測る幾何学的量として，**極値的長さ** $\lambda(\Gamma)$ を定義しよう．これは平均最小弧長といえる量である．我々にとって重要なのは，極値的長さが等角写像に関して不変であり，擬等角写像に関して擬不変である（つまり有界乗法因子程度しか変わらない）ことである．

　さて，全平面で定義された関数 ρ は，以下の条件を満たすとき**許容された関数**と呼ぶ．

1. $\rho \geq 0$ かつ可測
2. $A(\rho) = \iint \rho^2 \, dx \, dy \neq 0, \infty$（積分する領域は全平面とする．）

そのような ρ に対し，もし ρ が γ 上で可測[7]なら

$$L_\gamma(\rho) = \int_\gamma \rho |dz|$$

とし，そうでなければ $L_\gamma(\rho) = \infty$ とする．さらに

---

[7]　［原註］（弧長の関数として）

$$L(\rho) = \inf_{\gamma \in \Gamma} L_\gamma(\rho)$$

と定義する．

定義

$$\lambda(\Gamma) = \sup_\rho \frac{L(\rho)^2}{A(\rho)}$$

ただし，上限はすべての許容された ρ について取る[8]．

任意の $\gamma_2 \in \Gamma_2$ がある $\gamma_1 \in \Gamma_1$ を含むとき，$\Gamma_1 < \Gamma_2$ と書くことにする．（γ_2 の方が「より少なく長い」[9]ということである．）

注意 $\Gamma_1 \subset \Gamma_2$ なら $\Gamma_2 < \Gamma_1$ であることを確認せよ！

定理 2 $\Gamma_1 < \Gamma_2$ なら $\lambda(\Gamma_1) \leq \lambda(\Gamma_2)$ である．

証明 もし $\gamma_1 \subseteq \gamma_2$ なら（許容された ρ に対し）

$$L_{\gamma_1}(\rho) \leq L_{\gamma_2}(\rho)$$

だから

$$\inf L_{\gamma_1}(\rho) \leq \inf L_{\gamma_2}(\rho)$$

となり，直ちに $\lambda(\Gamma_1) \leq \lambda(\Gamma_2)$ を得る． □

例 1 閉長方形 R 内で b-辺同士を結ぶ弧全体の族を Γ とする．このとき，任意の（許容された）ρ に対し

$$\int_0^a \rho(x+iy)\,dx \geq L(\rho),$$

したがって

$$\iint_R \rho\,dx\,dy \geq bL(\rho)$$

だから

---

[8] ［訳註］$\lambda(\Gamma) = 0, \infty$ も許す．
[9] ［訳註］正確には「より多くなく短くない」．

$$b^2 L(\rho)^2 \le ab \iint_R \rho^2 \, dx \, dy \le ab A(\rho)$$

となり,

$$\frac{L(\rho)^2}{A(\rho)} \le \frac{a}{b}$$

を得る.したがって $\lambda(\Gamma) \le a/b$ である.

一方,R 上で $\rho = 1$ とし,それ以外で $\rho = 0$ とすると,$L(\rho) = a$, $A(\rho) = ab$ だから $\lambda(\Gamma) \ge a/b$ も得られ,

$$\lambda(\Gamma) = \frac{a}{b}$$

が証明できた.

例 2 円環 $\{r_1 \le |z| \le r_2\}$[10]内で両方の境界円周を結ぶ弧全体の族を Γ とする.このとき

$$\int_{r_1}^{r_2} \rho \, dr \ge L(\rho), \quad \iint \rho \, dr \, d\theta \ge 2\pi L(\rho)$$

だから

$$4\pi^2 L(\rho)^2 \le 2\pi \log \frac{r_2}{r_1} \iint \rho^2 r \, dr \, d\theta$$

が示せる.したがって

$$\frac{L(\rho)^2}{A(\rho)} \le \frac{1}{2\pi} \log \frac{r_2}{r_1}$$

を得る.等号は(円環上のみで)$\rho = 1/r$ のとき成り立つ.

例 3(円環領域のモジュラス) G を平面内の 2 重連結領域とし,その補集合の有界な(連結)成分を C_1,非有界な成分を C_2 とする.G 内の閉曲線 γ が C_1 と C_2 を**分離する**とは,C_1 の点のまわりの γ の回転数が 0 でないことである.G 内の閉曲線で C_1 と C_2 を分離するもの全体の族を Γ とし,G のモジュラスを $M(G) = \lambda(\Gamma)^{-1}$ で定義する.例として,円環 $G = \{r_1 \le |z| \le r_2\}$ の場合を考えよう.上述の例 2 と同様に

---

[10] [訳註] 正確には「閉円環」である.

$$L(\rho) \leq \int_0^{2\pi} \rho(re^{i\theta}) r \, d\theta,$$

$$\frac{L(\rho)}{r} \leq \int_0^{2\pi} \rho(re^{i\theta}) \, d\theta,$$

$$L(\rho) \log\left(\frac{r_2}{r_1}\right) \leq \iint \rho \, dr \, d\theta$$

が順に得られるから

$$L(\rho)^2 \log^2\left(\frac{r_2}{r_1}\right) \leq 2\pi \log \frac{r_2}{r_1} \iint \rho^2 r \, dr \, d\theta$$

が示せて

$$\frac{L(\rho)^2}{A(\rho)} \leq \frac{2\pi}{\log(r_2/r_1)}$$

を得る.さらにやはり $\rho = 1/(2\pi r)$ のときに等号が成り立つ.実際,任意の $\gamma \in \Gamma$ に対し

$$1 \leq |n(\gamma, 0)| = \frac{1}{2\pi} \left| \int_\gamma \frac{dz}{z} \right| \leq \frac{1}{2\pi} \int_\gamma \frac{|dz|}{|z|} = L_\gamma(\rho)$$

だから $L(\rho) = 1$ で,$A(\rho) = \frac{1}{2\pi} \log(r_2/r_1)$ である[11].以上で $M(G) = \frac{1}{2\pi} \log(r_2/r_1)$ が示せた.

さて,任意の $\gamma \in \Gamma$ が領域 Ω に含まれるとし,Ω から Ω' への(C^1-級の)K-擬等角写像 ϕ による Γ の像を Γ' とするとき,次の定理が成り立つ.

定理 3

$$K^{-1}\lambda(\Gamma) \leq \lambda(\Gamma') \leq K\lambda(\Gamma).$$

証明 任意の ρ に対し Ω' の外では $\rho'(\zeta) = 0$ とし,Ω' 上では

$$\rho'(\zeta) = \frac{\rho}{|\phi_z| - |\phi_{\bar{z}}|} \circ \phi^{-1}$$

とする.このとき

---

[11] [訳註] ただし $n(\gamma, 0)$ は,原点のまわりの γ の回転数である.

$$\int_{\gamma'} \rho' |d\zeta| \geq \int_{\gamma} \rho |d\zeta|,$$

$$\iint \rho'^2 \, d\xi \, d\eta = \iint_\Omega \rho^2 \frac{|\phi_z| + |\phi_{\bar{z}}|}{|\phi_z| - |\phi_{\bar{z}}|} \, dx \, dy \leq K A(\rho)$$

である. したがって $\lambda(\Gamma') \geq K^{-1} \lambda(\Gamma)$ を得る. 逆向きの不等式は逆写像を考えれば得られる. $\square$

系 $\lambda(\Gamma)$ は等角不変量である.

次に, 重要な比較定理を二つ述べる. それらは

I. $\Gamma_1 + \Gamma_2 = \{\gamma_1 + \gamma_2 \mid \gamma_1 \in \Gamma_1, \ \gamma_2 \in \Gamma_2\}$[12]
II. $\Gamma_1 \cup \Gamma_2$

に対する主張である.

定理 4

(a) $\lambda(\Gamma_1 + \Gamma_2) \geq \lambda(\Gamma_1) + \lambda(\Gamma_2)$
(b) Γ_1 と Γ_2 がそれぞれ互いに共通点のない可測集合に含まれるとき

$$\lambda(\Gamma_1 \cup \Gamma_2)^{-1} \geq \lambda(\Gamma_1)^{-1} + \lambda(\Gamma_2)^{-1}$$

(a) の証明 そうでない場合の不等式は自明だから $0 < \lambda(\Gamma_1), \lambda(\Gamma_2) < \infty$ と仮定する[13].

このときは (Γ_1, Γ_2 に対する L をそれぞれ L_1, L_2 として)

$$L_1(\rho_1) = A(\rho_1)$$
$$L_2(\rho_2) = A(\rho_2)$$

と正規化してよい. さらに $\Gamma_1 + \Gamma_2$ に対して $\rho = \max(\rho_1, \rho_2)$ を考えれば

---

[12] [原註] $\gamma_1 + \gamma_2$ は「γ_1 に γ_2 をつないだもの」である.
[13] [訳註] $k = 1, 2$ に対し $\Gamma_1 + \Gamma_2 > \Gamma_k$ だから $\lambda(\Gamma_1 + \Gamma_2) \geq \lambda(\Gamma_k)$ は明らかである.

14　第 I 章　可微分擬等角写像

$$L(\rho) \geq L_1(\rho_1) + L_2(\rho_2) = A(\rho_1) + A(\rho_2)$$
$$A(\rho) \leq A(\rho_1) + A(\rho_2)$$

だから

$$\lambda = \sup \frac{L(\rho)^2}{A(\rho)} \geq A(\rho_1) + A(\rho_2) = \frac{L_1(\rho_1)^2}{A(\rho_1)} + \frac{L_2(\rho_2)^2}{A(\rho_2)}$$

となり $\lambda \geq \lambda_1 + \lambda_2$ を得る．（ただし $\lambda_k = \lambda(\Gamma_k)$ とする．）

(b) の証明　もし $\lambda = \lambda(\Gamma_1 \cup \Gamma_2) = 0$ なら不等式は自明である．そこで $L(\rho) > 0$ となる（$\Gamma_1 \cup \Gamma_2$ に対して）許容された ρ が存在するとする．このとき（$\Gamma_1 \subset E_1$, $\Gamma_2 \subset E_2$ を満たす共通点のない可測集合 E_1, E_2 を固定して）E_1 上で $\rho_1 = \rho$, E_2 上で $\rho_2 = \rho$, それ以外ではともに 0 と定義する．このとき $L_1(\rho_1) \geq L(\rho)$, $L_2(\rho_2) \geq L(\rho)$ かつ $A(\rho) \geq A(\rho_1) + A(\rho_2)$ だから

$$\frac{A(\rho)}{L(\rho)^2} \geq \frac{A(\rho_1)}{L_1(\rho_1)^2} + \frac{A(\rho_2)}{L_2(\rho_2)^2}$$

となる．したがって

$$\lambda^{-1} \geq \lambda_1^{-1} + \lambda_2^{-1}$$

を得る． □

E.　対称原理

任意の γ に対し，$\bar{\gamma}$ を実軸に関する γ の鏡映像，γ^+ を実軸の下にある γ の部分のみを鏡映像で置き換えたものとする．（特に $\gamma \cup \bar{\gamma} = \gamma^+ \cup (\gamma^+)^-$ である[14]．）

また，$\bar{\Gamma}$ や Γ^+ なども同様に定義される．

定理 5　$\Gamma = \bar{\Gamma}$ なら $\lambda(\Gamma) = \frac{1}{2}\lambda(\Gamma^+)$ が成り立つ．

証明　1. Γ に対して任意に ρ を選び $\hat{\rho}(z) = \max(\rho(z), \rho(\bar{z}))$ とすると

---
[14]　［訳註］以下，γ^+ の鏡映像を $(\gamma^+)^-$ と記す．

E. 対称原理

$$L_\gamma(\hat{\rho}) = L_{\gamma^+}(\hat{\rho}) \geq L_{\gamma^+}(\rho) \geq L^+(\rho)$$

かつ

$$A(\hat{\rho}) \leq A(\rho) + A(\overline{\rho}) = 2A(\rho)$$

だから

$$\frac{L^+(\rho)^2}{A(\rho)} \leq 2\frac{L(\hat{\rho})^2}{A(\hat{\rho})} \leq 2\lambda(\Gamma)$$

が成り立つ．(ただし $L^+(\rho) = \inf_{\gamma \in \Gamma^+} L_\gamma(\rho)$ である．) したがって $\lambda(\Gamma^+) \leq 2\lambda(\Gamma)$ を得る．

2. 次に，与えられた ρ に対して

$$\rho^+(z) = \begin{cases} \rho(z) + \rho(\overline{z}) & \text{上半平面} \cup \mathbb{R} \text{ で} \\ 0 & \text{下半平面で} \end{cases}$$

とすると

$$L_{\gamma^+}(\rho^+) = L_{\gamma^+ + (\gamma^+)^-}(\rho) = L_{\gamma + \overline{\gamma}}(\rho)$$
$$= L_\gamma(\rho) + L_{\overline{\gamma}}(\rho) \geq 2L(\rho)$$

かつ

$$A(\rho^+) \leq 2\iint (\rho(z)^2 + \rho(\overline{z})^2)\,dx\,dy = 2A(\rho)$$

だから

$$\frac{L(\rho)^2}{A(\rho)} \leq \frac{1}{2}\frac{L_{\gamma^+}(\rho^+)^2}{A(\rho^+)} \leq \frac{1}{2}\lambda(\Gamma^+)$$

となり

$$\lambda(\Gamma) \leq \frac{1}{2}\lambda(\Gamma^+)$$

を得る． □

F. ディリクレ積分

ϕ を Ω から Ω' への K-qc 写像とする.C^1 級関数 $u(\zeta)$ のディリクレ積分は

$$D(u) = \iint_{\Omega'} (u_\xi^2 + u_\eta^2)\, d\xi\, d\eta = 4 \iint_{\Omega'} |u_\zeta|^2\, d\xi\, d\eta$$

で定義される[15].合成関数 $u \circ \phi$ に対して

$$(u \circ \phi)_z = (u_\zeta \circ \phi)\phi_z + (u_{\bar\zeta} \circ \phi)\overline{\phi_{\bar z}},$$
$$|(u \circ \phi)_z| \le (|u_\zeta| \circ \phi)(|\phi_z| + |\phi_{\bar z}|)$$

より

$$D(u \circ \phi) \le 4 \iint_\Omega (|u_\zeta| \circ \phi)^2 (|\phi_z| + |\phi_{\bar z}|)^2\, dx\, dy$$
$$= 4 \iint_{\Omega'} |u_\zeta|^2 \left(\frac{|\phi_z| + |\phi_{\bar z}|}{|\phi_z| - |\phi_{\bar z}|} \right) \circ \phi^{-1}\, d\xi\, d\eta$$

と評価できるので

(1) $$D(u \circ \phi) \le K D(u)$$

を得る.すなわち

ディリクレ積分は擬不変量である.

別の定式化もある.たとえば,境界が γ, γ' であるジョルダン閉領域の間の対応として ϕ が与えられていると考えてもよい.このとき γ' 上の境界値

---

[15] [訳註] ここでは u は実数値であるとする.なお,複素数値でも自然に定義できる.

関数 v に対し $v \circ \phi$ は対応する γ 上の境界値関数となる．境界値関数が v と一致する関数の中で，ディリクレ積分の最小値 $D_0(v)$ は同じ境界値関数を持つ調和関数により与えられる．したがって，明らかに

$$D_0(v \circ \phi) \leq K D_0(v) \tag{2}$$

が成り立つ．

さらに，v が境界の一部でしか定義されていない場合も考えてよい．たとえば，共通点を持たない二つの閉境界弧上でそれぞれ $v = 0$, $v = 1$ とすれば，モジュラスの擬不変性の別証明が得られる[16]．

なお，ディリクレ積分を定義するためには u が C^1-級である必要はない．たとえば u が（Ω 内で）コンパクトな台を持つ連続関数と仮定すると，フーリエ変換

$$\hat{u}(\xi, \eta) = \frac{1}{2\pi} \iint_\Omega e^{i(x\xi + y\eta)} u(x, y) \, dx \, dy$$

が定義でき，

$$\widehat{(u_x)} = -i\xi \hat{u}$$
$$\widehat{(u_y)} = -i\eta \hat{u}$$

が成り立つことが知られているから，Plancherel の公式から

$$D(u) = \iint (\xi^2 + \eta^2) |\hat{u}|^2 \, d\xi \, d\eta$$

が成り立つ．これを $D(u)$ の定義とすることもできる．

---

[16] ［訳註］$v = 0, 1$ の閉境界弧を a-辺対とする閉長方形に Ω を等角写像するとき，調和関数 $u = y/b$ のディリクレ積分が最小値を与える．一方定義より $D(u) = a/b$ だから，(2) はモジュラスの擬不変性を表している．

第II章　一般的定義

A. 幾何学的定義

以下では，写像 ϕ は常に領域 Ω から領域 Ω' への向きを保つ同相写像であるとする．

定義 A　写像 ϕ が **K-qc**（**K-擬等角**）であるとは，Ω 内の四稜形 (quadrilateral) のモジュラスが K-擬不変であることとする．

ここで Ω 内の四稜形とは，ジョルダン領域 Q で，その閉包 $\overline{Q}$ が Ω に含まれ，かつ境界上の共通点のない閉部分弧対（これを b-弧という）が指定されたものである[1]．そのモジュラス $m(Q) = a/b$ は，Q から長方形への（b-弧を b-辺にうつす）等角写像により定まる．

四稜形 Q の共役 Q^* とは，同じ Q に指定された弧対の補集合が b-弧とし

---

[1]　［訳註］境界弧の指定が必要なので，ジョルダン閉領域 $\overline{Q}$ を四稜形と呼ぶことも多い．本書でも混同して使われている．

て指定されたものである[2]．明らかに $m(Q^*) = m(Q)^{-1}$ となる．

なお，定義 A での K-擬不変性とは $m(Q') \leq Km(Q)$ を意味するが，明らかに両側からの不等式

$$K^{-1}m(Q) \leq m(Q') \leq Km(Q)$$

と同値である．

すぐに分かることは

1. ϕ が C^1-級（微分同相写像）なら，この定義は前章の定義と一致する[3]．
2. ϕ と ϕ^{-1} は同時に K-qc になる．
3. K-qc 写像の族は等角写像の合成で不変である．
4. K_1-qc 写像と K_2-qc 写像の合成は K_1K_2-qc である．

実は，K-擬等角性は局所的性質である．

定理 1 ϕ が Ω の各点の近傍で K-qc ならば，Ω で K-qc である．

証明 まず Q を長方形として，垂直な帯 Q_i に分割する．次にそれぞれの像 Q_i' を，長方形にうつしたときの水平線分で Q_{ij}' に分割する．$m_{ij} = m(Q_{ij})$ 等とおくと（第 I 章 D 節の結果より）

$$m = \sum m_i, \quad \frac{1}{m_i} \geq \sum_j \frac{1}{m_{ij}}$$

$$m' \geq \sum m_i', \quad \frac{1}{m_i'} = \sum_j \frac{1}{m_{ij}'}$$

---
[2] ［訳註］あるいは，もとの b-弧対が a-弧として指定されたものである．
[3] ［訳註］付録の補足説明 (II-1) を見よ．

が成り立つ．したがって，分割を十分細かくして $m_{ij} \leq Km'_{ij}$ が成り立つようにすれば[4] $m \leq Km'$ を得る． □

補題 次図で $m = m_1 + m_2$ となるのは，分割線が $x = m_1$ のときのみである．

証明 Q_1, Q_2 からの等角写像を f_1, f_2 とし，Q_1 上で $\rho = |f'_1|$，Q_2 上で $\rho = |f'_2|$，それ以外では $\rho = 0$ とする．このとき，Q 上で積分すると

$$\iint (\rho^2 - 1)\, dx\, dy = 0$$

かつ[5]

$$\iint (\rho - 1)\, dx\, dy \geq 0$$

が成り立つ．しかしこのとき，

$$\iint (\rho - 1)^2\, dx\, dy = \iint [(\rho^2 - 1) - 2(\rho - 1)]\, dx\, dy \leq 0$$

となるので，$\rho = 1$ がほとんどすべての点で成り立たなければならない．これは $f_1 = f_2 = z$ のときのみ可能である． □

定理 2 1-qc 写像は等角である．

証明 定理 1 の証明において，すべての不等式で等号が成り立たなければならない．上補題から，これは長方形への写像が恒等写像であることを意味する． □

---

[4] ［訳註］第二版編者注 (1) だが，モジュラスの定義とコンパクト性に関する簡単な議論により主張が示せる．付録の補足説明 (II-2) を見よ．

[5] ［訳註］1966 年の初版に合わせ一つめの式は等号にした．仮定 $m = m_1 + m_2$ より，それで正しい．

B. 解析的定義

領域 Ω 上の（実数値）関数 $u(x,y)$ が **ACL** (absolutely continuous on lines) であるとは，x-軸か y-軸に平行な辺で囲まれた Ω 内の任意の閉長方形[6] R に対して，R 内のほとんどすべての水平線分や垂直線分上で $u(x,y)$ が絶対連続[7]であることとする．このような関数に対しては当然，Ω 上ほとんどすべての点で偏微分係数 u_x, u_y が存在する．

なお，この定義は複素数値関数の場合にも適用できる．

定義 B　領域 Ω からの同相写像 ϕ が K-qc（**K-擬等角**）であるとは，

1. ϕ は Ω 上 ACL で
2. ほとんどすべての点で

$$|\phi_{\bar z}| \leq k |\phi_z| \quad \left(k = \frac{K-1}{K+1} \right)$$

が成り立つこととする．

この定義が，前記の幾何学的定義[8]と同値であることを証明しよう．まず定義 B から，ϕ は向きを保つ．

一般に，点 z_0 で（$z \to z_0$ ならば）

$$\phi(z) - \phi(z_0) = \phi_z(z_0)(z - z_0) + \phi_{\bar z}(z_0)(\bar z - \overline{z_0}) + o(|z - z_0|)$$

が成り立つとき，ϕ は（Darboux の意味で）z_0 で**全微分可能**であるという．まず，Gehring と Lehto による次の驚くべき結果を証明しよう．

補題 1　ϕ が同相写像[9]で，ほとんどすべての点で偏微分可能なら，ϕ はほとんどすべての点で全微分可能である．

証明　Egoroff の定理から，極限

---

[6]　［訳註］以下では簡単に「（Ω 内の）軸平行な長方形」と呼ぶ．
[7]　［訳註］読者の便宜のために，絶対連続性についての基本事項を付録の補足説明 (II-3) にまとめておく．
[8]　［訳註］すなわち，定義 A である．
[9]　［原註］主張は ϕ が（連続な）開写像なら成り立つ．

(1)
$$\phi_x(z) = \lim_{h \to 0} \frac{\phi(z+h) - \phi(z)}{h}$$
$$\phi_y(z) = \lim_{k \to 0} \frac{\phi(z+ik) - \phi(z)}{k}$$

は，任意に小さい面積（2次元測度）を持つ可測集合 $\Omega - E$ を除けば一様に収束する．したがって E 上ほとんどすべての点で全微分可能であることを示せばよい．

注意 Egoroff の定理は通常，列に対して述べられる[10]が，

$$\sup_{0 < |h| < 1/n} \left| \frac{\phi(z+h) - \phi(z)}{h} - \phi_x(z) \right|$$

等を考えれば (1) についての主張が得られる．

E は可測だから，ほとんどすべての水平線分とも可測集合で交わる．そのような線分上で，E のほとんどすべての点は 1 次元の（ルベーグの意味での）密度点である．垂直線分についても同様であるから，ほとんどすべての $x_0 + iy_0 \in E$ は $x = x_0, y = y_0$ それぞれと E との共通部分に関して，1次元の密度点となる．そこで，このような点 $z_0 = x_0 + iy_0$ で ϕ が全微分可能であることを示そう．また議論を簡単にするため，$z_0 = 0$ と仮定してよい．

まず一様収束性から ϕ_x と ϕ_y は E 上連続である．したがって，任意の $\epsilon > 0$ に対し $\delta > 0$ を十分小さく取り，$|x| < \delta, |y| < \delta, |h| < \delta, |k| < \delta$ かつ $z \in E$ ならば

---

[10] ［訳註］簡単のため Ω は有界であるとし，$\{f_n\}$ を Ω 上（ほとんどすべての点で有限値であり）ほとんどすべての点で有限値に収束する可測関数列とする．このとき，任意の $\epsilon > 0$ に対し，Ω の可測部分集合 E で，$\Omega - E$ の面積が ϵ 以下かつ E 上 $\{f_n\}$ が一様収束するようなものが存在する，という主張が Egoroff の定理である．

24　第 II 章　一般的定義

(2)
$$|\phi_x(z) - \phi_x(0)| < \epsilon$$
$$|\phi_y(z) - \phi_y(0)| < \epsilon$$
$$\left|\frac{\phi(z+h) - \phi(z)}{h} - \phi_x(z)\right| < \epsilon$$
$$\left|\frac{\phi(z+ik) - \phi(z)}{k} - \phi_y(z)\right| < \epsilon$$

が成り立つようにできる．

あとは連続な偏導関数を持つ関数が全微分可能であることの証明を真似すればよい．つまり，自明な等式

$$\phi(x+iy) - \phi(0) - x\phi_x(0) - y\phi_y(0)$$
$$= [\phi(x+iy) - \phi(x) - y\phi_y(x)] + [\phi(x) - \phi(0) - x\phi_x(0)]$$
$$+ [y(\phi_y(x) - \phi_y(0))]$$

などを使えばよい．

もし $x \in E$ なら (2) から

(3)
$$|\phi(x+iy) - \phi(0) - x\phi_x(0) - y\phi_y(0)| \leq 3\epsilon|z|$$

が得られる．$iy \in E$ でも同様の評価式が得られるので，$x \in E$ または $iy \in E$ の場合には z で全微分可能であることが示せた．

さてここで，0 が両軸方向に 1 次元の密度点であるという仮定を使おう．$m_1(x)$ を区間 $(-x, x)$ 上の E の部分の 1 次元測度とすると，$x \to 0$ のとき $(m_1(x))/(2|x|) \to 1$ だから，十分小さい $\delta\,(>0)$ を取って，

$$m_1(x) > \frac{2+\epsilon}{1+\epsilon}|x|$$

が $|x| < \delta$ なら成り立つとしてよい．このような x に対しては区間 $\left(\frac{x}{1+\epsilon}, x\right)$ は E の点を含まざるを得ない．そうでなければ

$$m_1(x) \leq |x| + \frac{|x|}{1+\epsilon} = \frac{2+\epsilon}{1+\epsilon}|x|$$

となり，x の選び方に反する．y-軸方向でも同様の議論を使えば，$|z| < \frac{\delta}{1+\epsilon}$ を満たす z に対し

B. 解析的定義

$$\frac{x}{1+\epsilon} < x_1 < x < x_2 < (1+\epsilon)x, \quad \frac{y}{1+\epsilon} < y_1 < y < y_2 < (1+\epsilon)y$$

となる点 $x_1, x_2, iy_1, iy_2 \in E$ が存在することが分かる[11]．したがって前段より，長方形 $(x_1, x_2) \times (y_1, y_2)$ の周上で (3) が成り立つ．

最後に，ϕ に対しては最大値原理が成り立つから，この周上の点 z^* で

$$\begin{aligned}
&|\phi(x+iy) - \phi(0) - x\phi_x(0) - y\phi_y(0)| \\
&\leq |\phi(x^* + iy^*) - \phi(0) - x\phi_x(0) - y\phi_y(0)| \\
&\leq 3\epsilon|z^*| + |x - x^*||\phi_x(0)| + |y - y^*||\phi_y(0)| \\
&\leq 3\epsilon(1+\epsilon)|z| + \epsilon|\phi_x(0)||z| + \epsilon|\phi_y(0)||z|
\end{aligned}$$

を満たすものが存在する．これで示すべき評価が得られ，補題 1 の証明が終わった． □

実は，もう少し精密な結果が得られる．E を Ω の Borel 部分集合とし，その像の面積を $A(E)$ とすると，局所有限な加法的測度が得られる．ルベーグの密度定理より，このような測度に対し，ほとんどすべての点で対称微分係数

$$J(z) = \lim \frac{A(Q)}{m(Q)}$$

が存在する．ただし Q は z 中心の（つまり，z が対角線の交点である）軸平行な正方形で，その辺の長さを 0 にするときの極限を考える．さらに

$$\int_E J(z)\, dx\, dy \leq A(E)$$

が成り立つ．（等号は一般には成り立たない．）ここで ϕ が z で全微分可能なら $J(z)$ はヤコビアンに他ならないから，上式はヤコビアンが局所可積分であることを意味している．

一方 $J = |\phi_z|^2 - |\phi_{\bar{z}}|^2$ だから，定義 B の 2. が成り立つときは

$$|\phi_{\bar{z}}|^2 \leq |\phi_z|^2 \leq \frac{J}{1-k^2}$$

---

[11] ［原註］ここでは便宜上 z は第 1 象限の点とする．

である.したがって,偏導関数が局所二乗可積分であることも示せた.

さらに h をテスト関数(C^1-級でコンパクトな台を持つ関数)とすると,水平線や垂直線上で積分して Fubini の定理を使えば,容易に

(4)
$$\iint \phi_x h \, dx \, dy = -\iint \phi h_x \, dx \, dy$$
$$\iint \phi_y h \, dx \, dy = -\iint \phi h_y \, dx \, dy$$

が示せる[12].言い換えると,ϕ_x と ϕ_y は(シュワルツの)超関数の意味での ϕ の偏導関数である[13].

より重要なのは,この逆の主張である.

補題 2 (連続な[14])ϕ が局所可積分な超関数の意味での偏導関数を持てば,ϕ は ACL である.

証明 仮定により,局所可積分な ϕ_1, ϕ_2 で,任意のテスト関数 h に対し

(5)
$$\iint \phi_1 h \, dx \, dy = -\iint \phi h_x \, dx \, dy$$
$$\iint \phi_2 h \, dx \, dy = -\iint \phi h_y \, dx \, dy$$

が成り立つものが存在する.

長方形 $R_\eta = \{0 \leq x \leq a, 0 \leq y \leq \eta\}$ を考え,R_η 内に台を持つ $h(x)k(y)$ の形のテスト関数を選ぶと

$$\iint_{R_\eta} \phi_1 h(x) k(y) \, dx \, dy = -\iint_{R_\eta} \phi h'(x) k(y) \, dx \, dy$$

だが,まず k を有界に 1 に収束させると

$$\iint_{R_\eta} \phi_1 h(x) \, dx \, dy = -\iint_{R_\eta} \phi h'(x) \, dx \, dy$$

を得る.したがって

---

[12] [訳註] ϕ が ACL なら,ほとんどすべての水平線や垂直線上で部分積分が可能であった.
[13] [訳註] 本書ではこれらの関係式 (4) で「超関数の意味での偏導関数」ϕ_x, ϕ_y が定義されると思えばよい.ただし,テスト関数 h としては C^∞-級でコンパクトな台を持つ関数が用いられることが多い.
[14] [訳註] 第二版編者注 (2) である.ϕ の連続性はこの章の最初に仮定している.

$$\int_0^a \phi_1(x,\eta) h(x)\, dx = -\int_0^a \phi(x,\eta) h'(x)\, dx$$

がほとんどすべての η で成り立つ．そこで $h = h_n$ として $0 \leq h_n \leq 1$ かつ $\left(\frac{1}{n}, a - \frac{1}{n}\right)$ 上 $h_n = 1$ となるテスト関数の列 $\{h_n\}$ を考えて極限を取れば

(6) $$\phi(a,\eta) - \phi(0,\eta) = \int_0^a \phi_1(x,\eta)\, dx$$

がほとんどすべての η で成り立つ．η の除外集合は a に依存するが，少なくともすべての有理数 a に対しては (6) 式がほとんどすべての η で成り立つことが分かる．したがって連続性よりすべての a でもそうである．すなわち $\phi(x,\eta)$ がほとんどすべての η で絶対連続であることが示せ，ほとんどすべての点で $\phi_x = \phi_1$, $\phi_y = \phi_2$ であることも分かった． □

言い換えると，定義 B は次の定義 B′ と同値である．

定義 B′ 同相写像 ϕ が K-qc であるとは，局所可積分な超関数の意味での偏導関数を持ち，それらがほとんどすべての点で

$$|\phi_{\bar{z}}| \leq k|\phi_z|$$

を満たすことである．

ここまでの議論より，定義 B が等角写像で不変な定義であることは容易に示せる．実はさらに次の補題が成り立つ．

補題 3 ω が C^2-級の同相写像で，ϕ が局所可積分な超関数の意味での偏導関数を持つなら，$\phi \circ \omega$ も同様の偏導関数を持ち，

(7) $$\begin{aligned}(\phi \circ \omega)_x &= (\phi_\xi \circ \omega)\frac{\partial \xi}{\partial x} + (\phi_\eta \circ \omega)\frac{\partial \eta}{\partial x} \\ (\phi \circ \omega)_y &= (\phi_\xi \circ \omega)\frac{\partial \xi}{\partial y} + (\phi_\eta \circ \omega)\frac{\partial \eta}{\partial y}\end{aligned}$$

で与えられる．

証明 まず

$$\begin{pmatrix} \xi_x & \xi_y \\ \eta_x & \eta_y \end{pmatrix}, \quad \begin{pmatrix} x_\xi & x_\eta \\ y_\xi & y_\eta \end{pmatrix}$$

は（対応する点で）互いに他の逆行列である．つまり $J = \xi_x \eta_y - \xi_y \eta_x$ を ω のヤコビアンとすると

$$\begin{pmatrix} x_\xi & x_\eta \\ y_\xi & y_\eta \end{pmatrix} = \frac{1}{J} \begin{pmatrix} \eta_y & -\xi_y \\ -\eta_x & \xi_x \end{pmatrix}$$

である．

したがって，任意のテスト関数 $h \circ \omega$ に対して

$$\iint [(\phi_\xi \circ \omega)\xi_x + (\phi_\eta \circ \omega)\eta_x](h \circ \omega)\, dx\, dy$$
$$= \iint \left[(\phi_\xi \circ \omega)\frac{\xi_x}{J} + (\phi_\eta \circ \omega)\frac{\eta_x}{J} \right](h \circ \omega) J\, dx\, dy$$
$$= \iint (\phi_\xi y_\eta - \phi_\eta y_\xi) h\, d\xi\, d\eta$$
$$= \iint \phi(-(h y_\eta)_\xi + (h y_\xi)_\eta)\, d\xi\, d\eta$$
$$= \iint \phi(-h_\xi y_\eta + h_\eta y_\xi)\, d\xi\, d\eta$$
$$= \iint (\phi \circ \omega) \left(-(h_\xi \circ \omega)\frac{\xi_x}{J} - (h_\eta \circ \omega)\frac{\eta_x}{J} \right) J\, dx\, dy$$
$$= \iint (\phi \circ \omega)\left(-(h_\xi \circ \omega)\xi_x - (h_\eta \circ \omega)\eta_x \right)\, dx\, dy$$
$$= -\iint (\phi \circ \omega)(h \circ \omega)_x\, dx\, dy$$

を得る． □

さて，上の補題から

$$\mathbf{B} \Rightarrow \mathbf{A}$$

が示せる．

実際，モジュラス m の長方形がモジュラス $m' \leq Km$ の四稜形にうつさ

れることを示せばよいが，上の補題（定義 B の等角不変性）を使えば可微分の場合と全く同様の議論で証明できる．

そこで，逆の主張

$$A \Rightarrow B$$

の証明に移ろう．

まず，ϕ が幾何学的な定義で qc なら，ϕ が ACL であることを示そう．

$A(\eta)$ を ϕ による長方形 $\{\alpha \leq x \leq \beta,\ 0 \leq y \leq \eta\}$ の像の面積とする．$A(\eta)$ は非減少だから微分係数 $A'(\eta)$ がほとんどすべての点で存在するが，$A'(0)$ が存在すると仮定しよう．

図で Q_i は高さ η で底辺が b_i の長方形とし[15]，辺 b_i の像の長さを b_i' とする．ここで η が十分小さければ，像の「垂直」辺（つまり Q_i の垂直辺の像）を Q_i' 内で結ぶ曲線の長さは，ほぼ b_i' 以上である．

実際，上図のように（b_i の像上の点で作られた）折れ線を

$$\sum_{k=1}^{n} |\zeta_k - \zeta_{k-1}| \geq b_i' - \frac{\epsilon}{2}$$

となるように取る．次に，垂直線分上での ϕ の変化が $\epsilon/(4n)$ より小さくな

---

[15] ［訳註］辺の長さも同じ b_i で表す．

るように η を選ぶ．そのような垂直線分に対応する（長さ $\epsilon/(4n)$ 以下の上下辺を結ぶ）線分を各 ζ_k から引くと，上記のような曲線は，これらの線分と交わらなければならない．したがってその長さは

$$\geq \sum_{k=1}^{n} |\zeta_k - \zeta_{k-1}| - \frac{\epsilon}{2} \geq b_i' - \epsilon$$

である．

さて，標準的なユークリッド計量（$\rho = 1$）を用いるとき，もし $\epsilon < \min \frac{1}{2} b_i'$ であれば（A_i を Q_i' の面積として）

$$m_i(Q_i') \geq \frac{b_i'^2}{4A_i} \quad \text{より} \quad \frac{b_i'^2}{4A_i} \leq K \frac{b_i}{\eta}$$

だから

$$\left(\sum b_i' \right)^2 \leq \sum \frac{b_i'^2}{b_i} \cdot \sum b_i \leq 4K \frac{A(\eta)}{\eta} \cdot \sum b_i$$

を得る[16]．ここで，$A(\eta)/\eta \to A'(0) < \infty$ より $\sum b_i \to 0$ なら $\sum b_i' \to 0$ であることが分かり，ϕ は絶対連続である[17]．

最後に，ϕ が幾何学的定義で K-qc なら，ϕ が全微分可能な点で

$$|\phi_{\bar{z}}| \leq k |\phi_z| \quad \left(k = \frac{K-1}{K+1} \right)$$

が成り立つことは容易に示せる[18]．これで **A** $\Rightarrow$ **B** の証明が終わった． $\square$

以上で，幾何学的定義と解析的定義が同値であり，解析的定義には二種あることもわかった．

系1 同相写像 ϕ が，ほとんどすべての点で $\phi_{\bar{z}} = 0$ を満たし，かつ ACL であるか局所可積分な超関数の意味での偏導関数を持てば，ϕ は等角である．

この系は，Weyl の補題[19]と密接な関係があることに注意せよ．

---

[16] ［原註］以上の評価は $b_i' = \infty$ のときは，当然自明な修正が必要である．
[17] ［訳註］これで ϕ が ACL であることの証明が終わる．
[18] ［訳註］付録の補足説明 (II-1) と同様である．
[19] ［訳註］第 V 章 B 節の補題 2 を参照せよ．

系 2 ϕ が qc で $\phi_{\bar{z}} = 0$ なら ϕ は等角である.

この章の最後に,次の定理を示しておこう.

定理 3 与えられた qc 写像による像面積は絶対連続な集合関数である.すなわち,零集合は零集合にうつされ,像面積は常に
$$A(E) = \iint_E J\,dx\,dy$$
で与えられる.

証明 まず(qc 写像)$\phi = u + iv$ に対し,C^2-級関数 $u_n + iv_n$ を適当に選べば[20] $u_n \to u$, $v_n \to v$ かつ
$$\iint |u_x - (u_n)_x|^2\,dx\,dy \to 0$$
$$\iint |v_x - (v_n)_x|^2\,dx\,dy \to 0$$
などが($n \to \infty$ のとき)成り立つようにできる.

そこで u と v が周上で絶対連続であるような長方形 R を考えると
$$\iint_R [(u_m)_x(v_n)_y - (u_m)_y(v_n)_x]\,dx\,dy = \int_{\partial R} u_m\,dv_n$$
が成り立つが,まず $m, n \to \infty$ とすると左辺の重積分は $\iint_R J\,dx\,dy$ に収束する.一方,$m \to \infty$ とすると右辺の線積分は
$$\int_{\partial R} u\,dv_n = -\int_{\partial R} v_n\,du$$
に収束し,さらに $n \to \infty$ とすれば
$$-\int_{\partial R} v\,du = \int_{\partial R} u\,dv$$
に収束する.(これらは u, v したがって uv も ∂R 上絶対連続であることから分かる.)

以上で,上述のような R に対し

---

[20] [訳註]このような近似のためには,Friedrichs の mollifier(軟化子)がよく使われる.付録の補足説明 (II-4) を見よ.ただ,C^2-級でよければ smearing という手法もある.第 V 章 B 節の補題 2 の証明およびその注を参照せよ.

$$\iint_R J\,dx\,dy = \int_{\partial R} u\,dv$$

が示せた．右辺の線積分が像面積を表すことは自明とはいえないだろうが容易に示せるので，定理の主張が示された[21]． □

系 3　（任意の qc 写像 ϕ に対し）ほとんどすべての点で $\phi_z \neq 0$ が成り立つ．

証明　そうでないとすると正の面積を持つ集合が零集合にうつされてしまうことになるが，逆写像を考えれば矛盾を得る． □

注意　さらに一般の K-qc 角写像に対して，ディリクレ積分が擬不変量であることが示せる．また，極値的長さが擬不変量であることも示せる．

---

[21]　[訳註] 第二版編者注 (3) も参照せよ．

第 III 章　極値的な幾何学的性質

A.　三種の極値問題

G を平面内の二重連結領域とし，その補集合の有界な（連結）成分を C_1，非有界な成分を C_2 とする．以下のいずれかの条件下で，G のモジュラス $M(G)$ の最大値を知りたい．

I. (Grötzsch) C_1 が閉単位円板 $\{|z| \leq 1\}$ で C_2 が点 $R > 1$ を含む．

II. （タイヒミュラー）C_1 が $0, -1$ を含み C_2 は原点からの距離が P の点を含む．

III. （森明）$\mathrm{diam}(C_1 \cap \{|z| \leq 1\}) \geq \lambda$ で C_2 は原点を含む．

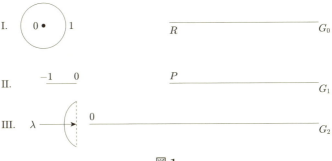

図 1

34　第 III 章　極値的な幾何学的性質

まず，図 1 の実軸対称な領域 G_0, G_1, G_2 で $M(G)$ がそれぞれ最大値になることを示そう．

場合 I　C_1 と C_2 を分離する閉曲線からなる族を Γ とすると，$\lambda(\Gamma) = M(G)^{-1}$ であった．

$C_1 \cup \{R\}$ の補集合内の閉曲線で R に関する回転数は 0 だが原点に関する回転数は 0 でないものからなる族を $\tilde{\Gamma}$ とすると，明らかに $\Gamma \subset \tilde{\Gamma}$ である．したがって $\lambda(\Gamma) \geq \lambda(\tilde{\Gamma})$ を得る．一方，$\tilde{\Gamma}$ は対称な族だから，対称性原理より $\lambda(\tilde{\Gamma}) = (1/2)\lambda(\tilde{\Gamma}^+)$ が成り立つ．同様に，Γ_0 を上図の G_0 の場合に Γ に対応する族とすれば[1]，やはり $\lambda(\Gamma_0) = (1/2)\lambda(\Gamma_0^+)$ が成り立つ．

したがって $\tilde{\Gamma}^+ = \Gamma_0^+$ を示せばよい．$\tilde{\Gamma}$ に属す任意の曲線 $\tilde{\gamma}$ は $(-\infty, -1)$ と $(1, R)$ 上にある点 P_1 と P_2 を含むが，それらの点が $\tilde{\gamma}$ を部分弧 $\tilde{\gamma}_1$ と $\tilde{\gamma}_2$ で $\tilde{\gamma} = \tilde{\gamma}_1 + \tilde{\gamma}_2$ となるものに分けるとしよう．このとき，$\tilde{\gamma}^+ = \tilde{\gamma}_1^+ + \tilde{\gamma}_2^+ = (\tilde{\gamma}_1^+ + (\tilde{\gamma}_2^+)^-)^+$ である．一方，$\tilde{\gamma}_1^+ + (\tilde{\gamma}_2^+)^-$ は Γ_0 に属するから $\tilde{\gamma}^+ \in \Gamma_0^+$ が示せた．したがって $\tilde{\Gamma}^+ \subset \Gamma_0^+$ である．逆の包含関係は明らかである．

これで $\lambda(\Gamma) \geq \lambda(\tilde{\Gamma}) = \lambda(\Gamma_0)$，すなわち $M(G) \leq M(G_0)$ が証明された．　□

場合 II　$z = f(\zeta)$ を，$\{|\zeta| < 1\}$ から $C_1 \cup G$ への等角写像で $f(0) = 0$ を満たすものとする．Koebe の 1/4 定理[2]から $|f'(0)| \leq 4P$ で，$G = G_1$ のとき等号が成り立つ．ここで $f(a) = -1$ とすると，Koebe の歪曲定理より

$$1 = |f(a)| \leq \frac{|a||f'(0)|}{(1-|a|)^2} \leq \frac{4P|a|}{(1-|a|)^2}$$

で，等号が成り立つのはやはり $G = G_1$ のときである．言い換えると，対称な G_1 において上述の a に対応する点を a_1 とすると $|a| \geq |a_1|$ が成り立つ．また，モジュラス $M(G)$ は C_1 の逆像と単位円周との間のモジュラスに等しい．

単位円周に関する反転を考え I の場合に帰着させれば，モジュラスは，$|a|$ を固定するときは線分のときに最大で，$|a|$ が小さくなると大きくなる．したがって G_1 が極大値を与える領域である．

---

[1]　[原註] ここでは少し族 Γ_0 を拡げて，切線 (R, ∞) の縁に含まれる線分を含む曲線も許すことにする．この拡張は，もちろん問題を生じない．

[2]　[訳註] 付録の補足説明 (III-1) を見よ．

場合 III　平面を $\zeta = \sqrt{z}$ のリーマン面（ζ 平面）に持ち上げると，原点に関して対称で C_1 の像も C_2 の像も（次図のように）二つの部分で表される図形を得る．このとき，$\hat{G}$ を C_1^- と C_1^+ の間の領域とすれば，極値的長さの基本性質より $M(G) \leq (1/2)M(\hat{G})$ となる．ここでも等号が成り立つのは対称な領域の場合のみである．

さて，仮定より C_1 は $|z_1| \leq 1, |z_2| \leq 1$ かつ $|z_1 - z_2| \geq \lambda$ を満たす 2 点 z_1, z_2 を含む．$\zeta_1, \zeta_2 \in C_1^+$ と $-\zeta_1, -\zeta_2 \in C_1^-$ を ζ-平面上で対応する 2 点とすると，一次分数変換

$$w = \frac{\zeta + \zeta_1}{\zeta - \zeta_1} \cdot \frac{\zeta_1 + \zeta_2}{\zeta_1 - \zeta_2}$$

は $-\zeta_1, -\zeta_2$ を $0, -1$ にうつす．さらに ζ_1 を ∞ にうつし ζ_2 を

$$w_0 = -\left(\frac{\zeta_2 + \zeta_1}{\zeta_2 - \zeta_1}\right)^2$$

にうつす．ここで $u = (\zeta_2 + \zeta_1)/(\zeta_2 - \zeta_1)$ とすると

$$u + \frac{1}{u} = \frac{2(\zeta_2^2 + \zeta_1^2)}{\zeta_2^2 - \zeta_1^2} = \frac{2(z_1 + z_2)}{z_2 - z_1}$$

であるが，

$$|z_2 + z_1|^2 = 2(|z_1|^2 + |z_2|^2) - |z_2 - z_1|^2 \leq 4 - \lambda^2$$

だから

$$|u| - \frac{1}{|u|} \leq \frac{2}{\lambda}\sqrt{4-\lambda^2}$$

となる.したがって

$$|u| \leq \frac{2+\sqrt{4-\lambda^2}}{\lambda}$$

すなわち

$$|w_0| \leq \left(\frac{2+\sqrt{4-\lambda^2}}{\lambda}\right)^2$$

が成り立つ.ここで等号が成立するのは対称な領域のときで,場合 II の結果から $M(G)$ は図 1 の領域 G_2 で最大値を取ることが分かる. □

Künzi の本[3]の記号に合わせると,モジュラスの最大値は各々以下のように表される.

I. $\dfrac{1}{2\pi}\log\Phi(R)$

II. $\dfrac{1}{2\pi}\log\Psi(P)$

III. $\dfrac{1}{2\pi}\log X(\lambda)$

これらの関数は簡単な関係式を満たす.まず明らかに,G_0 と(単位円周に関する)鏡映像とを合わせれば,「二倍の幅」を持つ G_1 型の領域が得られるから,

(1) $$\Phi(R)^2 = \Psi(R^2-1)$$

である.次に,単位円周の外側を線分 $[-1, 0]$ の外側に等角写像する[4]ことで

(2) $$\Phi(R) = \Psi\left(\frac{1}{4}\left(\sqrt{R}-\frac{1}{\sqrt{R}}\right)^2\right)$$

---

[3] [原註] Hans P. Künzi *Quasikonforme Abbildungen*, in Ergebnisse der Mathematik, Springer Verlag, Berlin, 1960.
[4] [訳註] この等角写像は $f(z) = \frac{1}{4}\left(z+\frac{1}{z}-2\right)$ である.

も示せる．上式 (1) と合わせれば

$$\Phi(R) = \Phi\left(\frac{1}{2}\left(\sqrt{R} + \frac{1}{\sqrt{R}}\right)\right)^2 \tag{3}$$

も分かる．さらに，場合 III での計算から，たとえば[5]

$$X(\lambda) = \Phi\left(\frac{\sqrt{4+2\lambda} + \sqrt{4-2\lambda}}{\lambda}\right) \tag{4}$$

が得られる．

B. 楕円関数とモジュラー関数

楕円積分

$$w = \int_0^z \frac{dz}{\sqrt{(z+1)z(z-P)}} \tag{1}$$

により，極値領域 G_1 の上半分は，二辺の長さが

$$\begin{aligned} a &= \int_0^P \frac{dz}{\sqrt{(z+1)z(P-z)}} \\ b &= \int_P^\infty \frac{dz}{\sqrt{(z+1)z(z-P)}} \end{aligned} \tag{2}$$

の長方形に等角写像される．

したがって明らかに

---
[5] ［訳註］上記の (1) 式で $P = R^2 - 1 = \left(\frac{2+\sqrt{4-\lambda^2}}{\lambda}\right)^2$ とすれば．

$$\text{(3)} \qquad \frac{1}{2\pi} \log \Psi(P) = \frac{a}{2b}$$

である．これは正確な等式だが，関数の漸近挙動を調べるにはそれほど使い勝手がよくない．いずれにしろ，楕円関数との関係をもっと詳しく調べておこう．

ワイエルシュトラスの $\wp$-関数は

$$\text{(4)} \qquad \wp(z) = \frac{1}{z^2} + {\sum}' \left[\frac{1}{(z - m\omega_1 - n\omega_2)^2} - \frac{1}{(m\omega_1 + n\omega_2)^2} \right]$$

で定義され[6]，微分方程式

$$\text{(5)} \qquad \wp'(z)^2 = 4(\wp(z) - e_1)(\wp(z) - e_2)(\wp(z) - e_3)$$

を満たす．ただし

$$\text{(6)} \qquad e_1 = \wp\left(\frac{\omega_1}{2}\right), \quad e_2 = \wp\left(\frac{\omega_2}{2}\right), \quad e_3 = \wp\left(\frac{\omega_1 + \omega_2}{2}\right)$$

である．特に e_k は互いに異なる．

次に $\tau = \omega_2/\omega_1$ とし，上半平面 $\{\operatorname{Im} \tau > 0\}$ のみを考える．上半平面上で

$$\text{(7)} \qquad \rho(\tau) = \frac{e_3 - e_1}{e_2 - e_1}$$

は正則で $0, 1$ を値に取らない．この関数 ρ についてさらに調べよう．

まず，ρ は

$$\begin{pmatrix} a & b \\ c & d \end{pmatrix} \equiv \begin{pmatrix} 1 & 0 \\ 0 & 1 \end{pmatrix} \bmod 2$$

を満たすモジュラー変換 $\frac{a\tau + b}{c\tau + d}$ で不変である．実際，$\wp$ の値は変わらず $\omega_k/2$ は適当な $\wp$ の周期だけ変化する．次に，変換 $\tau' = \tau + 1$ で ρ は $1/\rho$ になり，変換 $\tau' = -1/\tau$ で ρ は $1 - \rho$ に変わる．すなわち

---

[6] ［訳註］${\sum}'$ は $(m, n) \neq (0, 0)$ についての和を表す．

(8)
$$\rho(\tau+1) = \rho(\tau)^{-1}$$
$$\rho\left(-\frac{1}{\tau}\right) = 1 - \rho(\tau)$$

であり，これらの関係式でモジュラー（変換）群全体での $\rho(\tau)$ の挙動が定まる．

純虚数の τ に対しては，$\wp$ による写像は図のようになる．

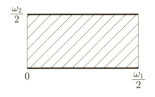

この像領域は $P = \rho/(1-\rho)$ に対する極値領域 G_1 の下半分と等角同値だから

(9)
$$\tau(\rho) = \frac{i}{\pi} \log \Psi\left(\frac{\rho}{1-\rho}\right) \quad (0 < \rho < 1)$$

を得る．τ が虚軸上を 0 から ∞ に動くとき ρ は 0 から 1 まで単調に変化することが，この等式から直ちに分かる．

さらに直接計算により[7]上半平面上で一様に $\mathrm{Im}\,\tau \to \infty$ のとき $\rho \to 1$ であることが示せる．関係式 (8) も使えば τ と ρ の対応は次図で与えられることが分かる[8]．

以下では $\tau(\rho)$ は，図 2 の斜線部間の対応で定まる逆関数の分枝とする．このとき対称性から

---

[7] ［訳註］同様の「直接計算」は付録の補足説明 (I) で挙げたアールフォルス自身の教科書にも書かれている．この場合の計算は付録の補足説明 (III-2) を見よ．

[8] ［訳註］付録の補足説明 (III-3) も見よ．

第 III 章　極値的な幾何学的性質

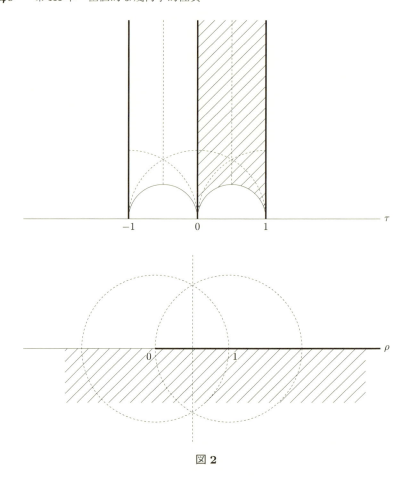

図 2

(10)
$$\tau\left(\frac{1}{2}\right) = i, \qquad \tau(-1) = \frac{1+i}{2}$$
$$\tau(2) = \pm 1 + i, \quad \tau\left(\frac{1-i\sqrt{3}}{2}\right) = \frac{1+i\sqrt{3}}{2}$$

が成り立つ．さらに (8) から

(11)
$$\tau\left(\frac{1}{\rho}\right) = \tau(\rho) \pm 1$$
$$\tau(1-\rho) = -\frac{1}{\tau(\rho)}$$

が得られ，また
$$\tau(\overline{\rho}) = -\overline{\tau}(\rho)$$
である．

次に，明らかに $e^{\pi i \tau}$ は $\rho = 1$ で正則で，1 位の零点を持つ．つまり，

(12)
$$1 - \rho \sim a e^{\pi i \tau} \quad (a > 0)$$

と書ける[9]が，この定数 a を決定するにはさらに詳しい解析が必要である[10]．

なお，$\mathrm{Im}\,\tau$ が固定されたとき $|\rho - 1|$ がどのように変化するかを明らかにすることは，それなりに重要である．言い換えると，$\tau = s + it$ とするとき $\frac{\partial}{\partial s} \log |\rho - 1|$ の符号を知っておきたいということである．この調和関数は，直線 $s = 0$ や $s = 1$ 上で明らかに 0 で，図 2 を見れば 0 から 1 への半円上で正であることもすぐ分かる．したがって最大値原理が適用できるとすれば，基本領域の右半分（斜線部分）では

$$\frac{\partial}{\partial s} \log |\rho - 1| > 0$$

が成り立つことになる．しかし，等式 (12) から $\tau \to \infty$ のとき $\frac{\partial}{\partial s} \log |\rho - 1| \to 0$ が分かり，さらに関係式 (8) から他のすべての「尖った」角（カド）でも同様であるから，最大値原理が適用できる[11]．

以上から $|\rho - 1|$ は虚軸上で最小で，$\mathrm{Re}\,\tau = \pm 1$ 上で最大になることが示せた．

---

[9] ［訳註］初版では
$$\rho - 1 \sim a e^{\pi i \tau} \quad (a < 0)$$
を採用している．なお，この主張は，$f(\rho) = e^{\pi i \tau(\rho)}$ が 1 の近傍を 0 の近傍に等角写像する様子から容易に分かる．さらに，$\rho \in (0,1)$ が $\rho \to 1$ のとき $e^{\pi i \tau} > 0$ だから，$a < 0$ が分かる．

[10] ［訳註］以下の考察から $a = 16$ である．また，付録の補足説明 (III-2) にある直接計算からも $e_3 - e_1$ などの主要項が分かり，$a = 16$ が示せる．

[11] ［訳註］付録の補足説明 (III-4) を見よ．

さて,幾何学的な考察で得られる関数 $\rho(\tau)$ の評価はあまり強力ではない.精密な漸近展開も古くから知られている.参考までに,最も重要な公式を導いておく.

まず,関数
$$\frac{\wp(z) - \wp(u)}{\wp(z) - \wp(v)}$$
は,$z = \pm u + m\omega_1 + n\omega_2$ に零点を持ち,$z = \pm v + m\omega_1 + n\omega_2$ に極を持つ[12].

同じ周期,零点,極を持つ関数として
$$F(z) = \prod_{n=-\infty}^{\infty} \prod_{\pm} \frac{1 - e^{2\pi i \frac{n\omega_2 \pm u - z}{\omega_1}}}{1 - e^{2\pi i \frac{n\omega_2 \pm v - z}{\omega_1}}}$$
が考えられる.(無限積は,すべての n と $\pm$ について考える.)ここで,無限積が $n \to \pm\infty$ で収束していることは容易に分かる.

計算のためには $q = e^{\pi i \tau} = e^{\pi i \omega_2/\omega_1}$ とおく方が便利である.$n = 0$ の項を別にして $\pm n$ の2項をまとめると
$$F(z) = \frac{1 - e^{2\pi i \frac{u-z}{\omega_1}}}{1 - e^{2\pi i \frac{v-z}{\omega_1}}} \cdot \frac{1 - e^{-2\pi i \frac{u+z}{\omega_1}}}{1 - e^{-2\pi i \frac{v+z}{\omega_1}}} \cdot \prod_{n=1}^{\infty} \prod_{\pm\pm} \frac{1 - q^{2n} e^{2\pi i \frac{\pm u \pm z}{\omega_1}}}{1 - q^{2n} e^{2\pi i \frac{\pm v \pm z}{\omega_1}}}$$
と書ける.ただし,右の無限積はすべての符号の組み合わせについての積とする.

明らかに
$$\frac{\wp(z) - \wp(u)}{\wp(z) - \wp(v)} = \frac{F(z)}{F(0)}$$
だが,
$$1 - \rho = \frac{e_2 - e_3}{e_2 - e_1}$$
を求めるために $z = \omega_2/2$, $u = (\omega_1 + \omega_2)/2$, $v = \omega_1/2$ とする.このとき

---

[12] [訳註] $\wp(u) \neq \wp(v)$ とする.

$$e^{\frac{2\pi i z}{\omega_1}} = q, \quad e^{\frac{2\pi i u}{\omega_1}} = -q, \quad e^{\frac{2\pi i v}{\omega_1}} = -1$$

であるから，代入すると

$$F(z) = \frac{2}{1+q^{-1}} \cdot \frac{1+q^{-2}}{1+q^{-1}} \cdot \prod_{1}^{\infty} \frac{(1+q^{2n+2})(1+q^{2n})^2(1+q^{2n-2})}{(1+q^{2n+1})^2(1+q^{2n-1})^2}$$

$$= 4 \prod_{1}^{\infty} \left(\frac{1+q^{2n}}{1+q^{2n-1}} \right)^4$$

かつ

$$F(0) = \frac{1+q}{2} \cdot \frac{1+q^{-1}}{2} \cdot \prod_{1}^{\infty} \frac{(1+q^{2n+1})^2(1+q^{2n-1})^2}{(1+q^{2n})^4}$$

$$= \frac{1}{4q} \prod_{1}^{\infty} \left(\frac{1+q^{2n-1}}{1+q^{2n}} \right)^4$$

となる．したがって

(13) $$1 - \rho = 16q \prod_{1}^{\infty} \left(\frac{1+q^{2n}}{1+q^{2n-1}} \right)^8$$

である．また，同様の計算で

(14) $$\rho = \prod_{1}^{\infty} \left(\frac{1-q^{2n-1}}{1+q^{2n-1}} \right)^8$$

を得る．（実際，(14) は関係式 $\tau(1/\rho) = \tau(\rho) \pm 1$ から得られる[13]．）

関係式 (9) に戻ると

(15) $$\log \Psi(P) = \pi \operatorname{Im} \tau \left(\frac{P}{1+P} \right) = \pi \operatorname{Im} \tau \left(1 + \frac{1}{P} \right)$$

あるいは $\rho = \frac{P}{P+1}$ として

$$\Psi(P) = q(\rho)^{-1}$$

---

[13] ［訳註］付録の補足説明 (III-5) を見よ．

と書き直せる．一方 (13) から

$$1 - \rho = \frac{1}{P+1} = 16q \prod_{1}^{\infty} \left(\frac{1+q^{2n}}{1+q^{2n-1}} \right)^8$$

だから

(16)
$$\frac{\Psi(P)}{P+1} = 16 \prod_{1}^{\infty} \left(\frac{1+q^{2n}}{1+q^{2n-1}} \right)^8$$

を得る．

この等式から特に

(17)
$$\Psi(P) \leq 16(P+1)$$

という基本的な評価式を得る．

また $\Phi(R) = \Psi(R^2-1)^{1/2}$ だったから

(18)
$$\frac{\Phi(R)}{R} = 4 \prod_{1}^{\infty} \left(\frac{1+q^{2n}}{1+q^{2n-1}} \right)^4$$

が成り立ち

(19)
$$\Phi(R) \leq 4R$$

という評価式も得られる．

最後に $X(\lambda)$ に対しては（A 節の (4) 式より）

(20)
$$\lambda X(\lambda) \leq 4(\sqrt{4+2\lambda} + \sqrt{4-2\lambda}),$$
$$\lambda X(\lambda) \leq 16$$

が成り立つことが示せる[14]．

---

[14] ［訳註］$\lambda > 0$ より，$(\sqrt{4+2\lambda} + \sqrt{4-2\lambda})^2 = 8 + 2\sqrt{16-4\lambda^2} < 16$ である．

C. 森(明)の定理

$\zeta = \phi(z)$ は $\{|z|<1\}$ から $\{|\zeta|<1\}$ 上への K-qc 写像で $\phi(0)=0$ と正規化されているとする．

森(明)の定理

(1) $\qquad |\phi(z_1)-\phi(z_2)| < 16|z_1-z_2|^{1/K} \quad (z_1 \neq z_2)$

が成り立つ．さらに定数 16 は最良である．

注意 定理は ϕ が Hölder 条件を満たすことを意味しているが，この事実はすでに知られていた[15]．また ϕ が閉円板 $\{|z| \leq 1\}$ まで連続に拡張できることも結論できるが，逆関数に定理を適用すれば，さらにこの拡張が同相写像であることまで分かる．

系 円板から円板の上への qc 写像は，閉円板の間の同相写像に拡張できる．

森明の定理を証明するために，ひとまず ϕ は閉円板まで（連続に）拡張されていると仮定しよう．この仮定は（後述のように）容易に取り除ける．

次に，証明に必要な補題を述べる．

補題 $\phi(z)$ を，$\phi(0)=0$ を満たす（単位円板からそれ自身への）K-qc 写像で境界まで込めて同相写像であるとする．このとき $\phi(1/\bar{z}) = 1/(\overline{\phi(z)})$ と定義することで得られる（$\mathbb{C}$ への）拡張は K-qc 写像である．

証明 拡張された写像が単位円板の内部と外部で K-qc であることは明らかである．さらに，単位円周と交わる長方形上でも ACL であることは容易に分かる[16]．したがって全平面上で K-qc であることが示せる． □

---

[15] ［訳註］付録の補足説明 (III-6) を見よ．
[16] ［訳註］第二版編者注 (4) だが，擬等角性は等角写像で不変だから（第 II 章補題 3），原点近傍の同相写像 $f(z)$ が実軸を除いて擬等角な場合を考えれば十分で，このとき実軸と交わる軸平行な長方形に対しても $f(z)$ が ACL であることは前章最後の議論を用いれば容易に示せる．付録の補足説明 (III-7) を見よ．また，幾何学定義の条件を直接示すこともできる．

不等式 (1) の証明　$|z_1 - z_2| \geq 1$ なら不等式は自明だから，$|z_1 - z_2| < 1$ と仮定する．

z_1 と z_2 を結ぶ線分を直径とする円と半径 $1/2$ の同心円で囲まれた円環領域 A を考える．

場合 (i)．A が単位円板に含まれる場合．

この場合は，写像
$$w = \frac{\zeta - \zeta_1}{1 - \overline{\zeta_1}\zeta}$$
を考えれば
$$\frac{1}{2\pi} \log \frac{1}{|z_1 - z_2|} \leq \frac{K}{2\pi} \log \Phi\left(\left|\frac{1 - \overline{\zeta_1}\zeta_2}{\zeta_2 - \zeta_1}\right|\right) \leq \frac{K}{2\pi} \log \frac{8}{|\zeta_2 - \zeta_1|}$$
を得る[17]．したがって
$$|\zeta_2 - \zeta_1| \leq 8|z_2 - z_1|^{1/K}$$
が示せた．

場合 (ii)．A が原点を含まない場合[18]．A の像の補集合で，有界な成分は直径が $|\zeta_1 - \zeta_2|$ 以上の集合を $\{|\zeta| < 1\}$ との共通部分に含み，非有界な成分は原点を含む．したがって ((20) 式より)
$$\frac{1}{2\pi} \log \frac{1}{|z_1 - z_2|} \leq \frac{K}{2\pi} \log X(|\zeta_2 - \zeta_1|) < \frac{K}{2\pi} \log\left(\frac{16}{|\zeta_2 - \zeta_1|}\right)$$
が成り立ち，

---

[17]　[訳註] 最後の不等式は (19) 式より分かる．なお，$\zeta_k = \phi(z_k)$ である．
[18]　[訳註] (i) でなければ $|(z_1 + z_2)/2| \geq 1/2$，すなわち原点を含まない．

C. 森(明)の定理

$$|\zeta_2 - \zeta_1| < 16|z_2 - z_1|^{1/K}$$

が示せた．（実際 (20) 式に関する注で示したように，等号は成り立たない．） □

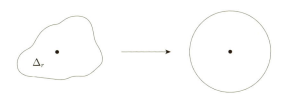

次に，ϕ が $|z| = 1$ 上で連続であるという仮定を除くために $\{|z| < r\}$ の像 Δ_r を考え，その $\{|w| < 1\}$ への等角写像を ψ_r とする．ただし，$\psi_r(0) = 0, \psi_r'(0) > 0$ と仮定する．このとき，関数 $\psi_r(\phi(rz))$ は（$\{|z| < 1\}$ 上）K-qc で，$|z| = 1$ 上でも連続である．したがって

$$|\psi_r(\phi(rz_2)) - \psi_r(\phi(rz_1))| < 16|z_2 - z_1|^{1/K}$$

が成り立つ．ここで $r \to 1$ とすると，容易に分かるように ψ_r は恒等写像に収束するから，

$$|\phi(z_2) - \phi(z_1)| \leq 16|z_2 - z_1|^{1/K}$$

を得る．しかし，この不等式は境界での連続性（同相性）を意味するから，前段で得られた真の不等式が成り立つことが証明できた．

最後に，定数 16 が最良であることを示すため，森（明）の極値領域（場合 III の G_2 に対応する）$G(\lambda_1), G(\lambda_2)$ を考える．

48　第 III 章　極値的な幾何学的性質

まずそれぞれを同心円環にうつし，次にそれらを半径の対数を一定比

$$K = \frac{\log X(\lambda_1)}{\log X(\lambda_2)} > 1 \quad (\lambda_1 < \lambda_2)$$

で拡大する写像[19]でうつす．単位円周は $G(\lambda_j)$ の対称変換で不変だから，λ_1 を λ_2 に対応させる K-qc 写像が得られる[20]．さらに λ_2 が十分小さいとき

$$\frac{16 - \epsilon}{\lambda_2} \leq X(\lambda_2) = X(\lambda_1)^{1/K} \leq \left(\frac{16}{\lambda_1}\right)^{1/K}$$

を得る[21]．したがって

$$\lambda_2 \geq (\lambda_1)^{1/K} \frac{16 - \epsilon}{16^{1/K}}$$

が成り立ち，K を大きくすれば右辺の乗数因子はいくらでも 16 に近くできる． □

この定理からは当然，擬等角写像族の正規性，あるいはコンパクト性，に関する強力な結果が得られる[22]．

定理 1　単位円板からそれ自身の上への K-擬等角写像 ϕ で $\phi(0) = 0$ を満たすもの全体は，一様収束に関して点列コンパクトである．

---

[19]　[訳註] 具体的には $w = a|z - c|^{K-1}(z - c) + b$ の形の写像である．
[20]　[訳註] 原著の図に修正を加えた．
[21]　[訳註] $\lambda \to 0$ のとき $q \to 0$ だから $R = (\sqrt{4 + 2\lambda} + \sqrt{4 - 2\lambda})/\lambda$ として
$$\frac{\lambda X(\lambda)}{\sqrt{4 + 2\lambda} + \sqrt{4 - 2\lambda}} = \frac{\Phi(R)}{R} = 4 \prod_1^\infty \left(\frac{1 + q^{2n}}{1 + q^{2n-1}}\right)^4 \to 4$$
である．
[22]　[訳註] 付録の補足説明 (III-8) を見よ．

C. 森(明)の定理

証明 まず森明の定理により，ϕ は（閉円板上で）同程度連続である．したがって Ascoli の定理から，任意の無限列が一様収束部分列を含むことが分かる．そのような収束列を $\phi_n \to \phi$ とすると，森明の定理を ϕ_n^{-1} に適用すれば ϕ も単葉であることが分かる．ϕ が K-qc であることは（幾何学的定義より）自明に近いだろう． □

さて，等角写像に対しては通常 $\phi(0) = 0, |\phi'(0)| = 1$ という正規化が使われる．しかしこの正規化は qc 写像には意味がない．そこで，以下では 2 点での正規化条件を使うことにする．

すなわち，任意の領域 Ω に対し，$\phi(a_1) = b_1, \phi(a_2) = b_2$ と正規化する．ここで当然，$a_1 \neq a_2, b_1 \neq b_2$ である．

定理 2 上記の正規化条件を満たす Ω の K-qc 写像は，Ω の任意のコンパクト部分集合上で一様 Hölder 条件

$$|\phi(z_1) - \phi(z_2)| \leq M|z_1 - z_2|^{1/K}$$

を満たす．特に，このように正規化された K-qc 写像の族はコンパクト一様収束に関し点列コンパクトである．

証明 Ω の任意の点 z_1, z_2 に対し，全平面ではない単連結領域 $G \subset \Omega$ で，z_1, z_2, a_1, a_2 を含むものが取れる．Ω の任意のコンパクト部分集合 A に対し，$A \times A$ は有限個のそのような G の直積 $G \times G$ で覆えるから，G に対して M の存在を示せば十分である．

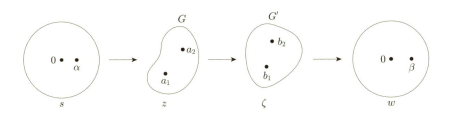

まず図のように G と $G' = \phi(G)$ を単位円板上に等角写像する．ここで，与

50　第 III 章　極値的な幾何学的性質

えられたコンパクト集合が $\{|s| \leq r_0 < 1\}$ であるとしてよいが，森（明）の定理より

$$1 - |s| \leq 16(1 - |w|)^{1/K}$$

が成り立つ[23]．特に $|s| \leq r_0$ なら $|w| \leq \rho_0$ が成り立つ．（ただし ρ_0 は r_0 にのみ依存する．）同様に（図の β に対し）$\beta \leq \beta_0$ が成り立つ．

一般に

$$|w_1 - w_2| \leq 16|s_1 - s_2|^{1/K}$$

が成り立つから，$\zeta(w)$ と $s(z)$ が一様 Lipschitz 条件

$$|\zeta_1 - \zeta_2| \leq C_1|w_1 - w_2|, \quad |s_1 - s_2| \leq C_2|z_1 - z_2|$$

を満たすことを示せばよいが，これらは歪曲定理からすぐに示せることはよく知られている．たとえば[24]

$$|z_1 - z_2| \geq \frac{|z'(s_1)|(1 - |s_1|^2)}{4}\left|\frac{s_1 - s_2}{1 - s_1\overline{s_2}}\right| \geq C|z'(s_1)||s_1 - s_2|$$

かつ

$$|z'(s_1)| \geq C_0|z'(0)|$$
$$|a_2 - a_1| \leq C'|z'(0)|$$

が成り立つから，

$$|s_1 - s_2| \leq \frac{C'}{CC_0|a_2 - a_1|}|z_1 - z_2|$$

が示せる．もう一つの不等式は，より容易である．

さて，仮定を満たす写像からなる任意の列が収束部分列を含むことが分かった．極限関数が単葉であることを証明するには，逆向きの不等式が必要である．今度は G' が変化するが，α のみに（したがって G, a_1, a_2 のみに）

---

[23]　[訳註] 実際，$w' = w/|w|$ とし，その逆像を s' とすると
$$1 - |s| \leq |s'| - |s| \leq |s' - s| \leq 16|w' - w|^{1/K} = 16(1 - |w|)^{1/K}$$
である．

[24]　[訳註] 以下の証明のより詳しい説明は，付録の補足説明 (III-9) を見よ．

依存する正数 β_0 により $\beta \leq \beta_0$ と評価できたので,同様に証明できる. □

D. 四点配置

(a_1, a_2, a_3, a_4) と (b_1, b_2, b_3, b_4) を相異なる複素数の順序付けられた四つ組とする.拡張された複素平面(リーマン球面)の等角写像で,各 a_k を b_k にうつすものが存在するのは,各々の非調和比が等しいときで,かつそのときに限る.そこで,非調和比が異なるときは次の問題を考えることは自然である.

問題 1 どのような K に対し,与えられた四つ組をもう一つの四つ組にうつす K-qc 写像が存在するか.

適当な位相的条件を写像に課せば,この問題がもっと自然になると指摘したのはタイヒミュラーであった.

次図は,その位相的条件の可視化である.

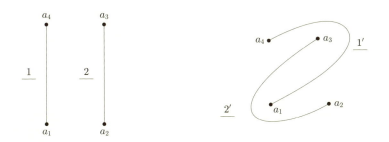

つまり,リーマン球面の同相写像で線分 $\underline{1}$ と $\underline{2}$ をそれぞれ曲線 $\underline{1'}$ と $\underline{2'}$ にうつすものが存在するが,リーマン球面から a_1, a_2, a_3, a_4 を除いた領域の自己写像としては,明らかに恒等写像とは全く異なる(ホモトピックでない).したがって,四つ組の非調和比が等しくても,このような K-qc 写像が存在するかどうかは問題となる.

この現象はもっと正確に定式化する必要があるだろう.まず周期 ω_1, ω_2 で,$\tau = \omega_2/\omega_1$ に対し

52　第 III 章　極値的な幾何学的性質

$$\rho(\tau) = \frac{e_3 - e_1}{e_2 - e_1} = \frac{a_3 - a_1}{a_2 - a_1} : \frac{a_3 - a_4}{a_2 - a_4}$$

が成り立つものが存在するが，このとき (a_1, a_2, a_3, a_4) は明らかに一次分数変換で (e_1, e_2, e_3, ∞) にうつせるから，初めから後者が与えられた四つ組であるとしてよい．

そこで，Ω を ζ-平面から e_1, e_2, e_3 を除いた領域とし，P を z-平面から点 $m(\omega_1/2) + n(\omega_2/2)$ すべてを除いた領域とすると，射影 $\wp$ により P は Ω の正則被覆面と考えられる．このとき Ω の基本群 F は，P の基本群に同型な正規部分群 G を含み，（$\wp$ に関する）被覆変換群 Γ は F/G に同型である．さらに F, G, Γ は具体的に書き下せる．F は e_1, e_2, e_3 を回る閉曲線を表す元 $\sigma_1, \sigma_2, \sigma_3$ で生成される自由群である．G は $\sigma_1^2, \sigma_2^2, \sigma_3^2, (\sigma_1\sigma_2\sigma_3)^2$ を含む最小の正規部分群で，Γ は変換 $z \to \pm z + m\omega_1 + n\omega_2$ 全体からなる群である．そのうち平行移動からなる部分群 Γ_0 は $z \to z + m\omega_1 + n\omega_2$ からなる群，すなわち変換 $A_1 z = z + \omega_1$ と $A_2 z = z + \omega_2$ で生成される群である．

さて，もう一つの四つ組 $(e_1^*, e_2^*, e_3^*, \infty)$ を考え，対応する領域などを Ω^*, F^* 等々とする．このとき，同相写像 $\phi : \Omega \to \Omega^*$ は，G を G^* にうつす F の F^* への同型を誘導する．つまり，被覆射影 $\phi \circ \wp : P \to \Omega^*$ と $\wp^* : P^* \to \Omega^*$ は F^* の同じ部分群 G^* に対応している．したがって，同相写像 $\psi : P \to P^*$ で $\phi \circ \wp = \wp^* \circ \psi$ を満たすものが存在し，$A_1^* = \psi \circ A_1 \circ \psi^{-1}$ と $A_2^* = \psi \circ A_2 \circ \psi^{-1}$ が Γ_0^* の生成元である．$A_1^* z = z + \omega_1^*$ および $A_2^* z = z + \omega_2^*$ とするとき，(ω_1^*, ω_2^*) は ψ により定まる基底と呼ばれる．ただし，ψ は ϕ から一意的に定まるものではないから，ψ の取り換えで基底がどう変化するか確かめておく必要がある．$T^* \in \Gamma^*$ に対して ψ は $T^* \circ \psi$ に取り換えられるが，基底 (ω_1^*, ω_2^*) は変化しないか，あるいは $(-\omega_1^*, -\omega_2^*)$ に変わる．いずれにしろ比 $\tau^* = \omega_2^*/\omega_1^*$ は変化せず ϕ で定まる．そこで，Ω から Ω^* への二つの同相写像は，同じ τ^* を定めるとき同値であるとする．ここでその証明を与えることはできないが，Ω から Ω^* への二つの同相写像が同値であるのは，それらがホモトピックであるとき，かつそのときに限ることが示せる[25]．

---

[25] ［訳註］たとえば，付録の補足説明 (I) で挙げた『タイヒミュラー空間論』の第 1 章 §2.2 を参照せよ．

問題 2 どのような K に対し, 与えられた ϕ_0 に同値な Ω から Ω^* への K-qc 写像が存在するか.

この問題を解決するため, まず極値的長さの計算から始めよう. $\{\gamma_1\}$ を Ω 内の閉曲線で, z と $z+\omega_1$ を端点に持つ P 内の弧に持ち上げられるもの全体の族とする. より一般に $\{m\gamma_1 + n\gamma_2\}$ は, z と $z + m\omega_1 + n\omega_2$ を端点に持つ P 内の弧に持ち上げられる閉曲線全体の族とする.

補題 $\{\gamma_1\}$ の極値的長さは $2/\operatorname{Im}\tau$ である.（ただし $\tau = \omega_2/\omega_1$ とする.）

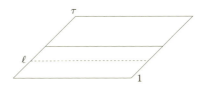

証明 $\omega_1 = 1, \omega_2 = \tau$ としてよい. 線分（図の破線）ℓ を考えると, その射影 γ は $\{\gamma_1\}$ に属す. Ω 上に与えられた ρ に対し $\tilde{\rho} = \rho(\wp(z))|\wp'(z)|$ とすると

$$\int_\ell \tilde{\rho}\, dx \geq L(\rho), \quad L(\rho)^2 \leq \int_\ell \tilde{\rho}^2\, dx$$

だから

$$L(\rho)^2 \frac{\operatorname{Im}\tau}{2} \leq \iint \tilde{\rho}^2\, dx\, dy = A(\rho)$$

となり

$$\lambda \leq \frac{2}{\operatorname{Im}\tau}$$

が得られる.

逆向きの不等式は ρ を $\tilde{\rho} = 1$ となるように選べば得られる. 実際, $\gamma \in \{\gamma_1\}$ は z と $z+1$ を結ぶ曲線 $\tilde{\gamma}$ に持ち上げられるから, $\tilde{\gamma}$ の長さは 1 以上で

$$L(\rho) = 1, \quad A(\rho) = \frac{1}{2}\operatorname{Im}\tau$$

を得る．これで証明が終わった． □

もちろん ω_1 は，どの $c\omega_2 + d\omega_1$ とでも取り換えられる．ただし $(c,d) = 1$（すなわち c, d は互いに素）とする．そのときは

(1) $$\lambda\{c\gamma_2 + d\gamma_1\} = \frac{2}{\operatorname{Im}\left(\frac{a\tau+b}{c\tau+d}\right)} = \frac{2|c\tau+d|^2}{\operatorname{Im}\tau}$$

を得る．ただし $\begin{pmatrix} a & b \\ c & d \end{pmatrix}$ は（整数成分の）ユニモジュラー行列である[26]．

さて，これで問題 2 が解ける．写像 $\phi : \Omega \to \Omega^*$ を持ち上げたものを $\psi : P \to P^*$ とし，ψ で定まる基底を (ω_1^*, ω_2^*) とする．ϕ による $\{\gamma_1\}$ の像は，明らかに ω_1^* に対応する族 $\{\gamma_1^*\}$ である．したがって ϕ が K-qc なら

$$K^{-1}\operatorname{Im}\tau \leq \operatorname{Im}\tau^* \leq K\operatorname{Im}\tau$$

が成り立つ．さらに $\{c\gamma_2 + d\gamma_1\}$ は $\{c\gamma_2^* + d\gamma_1^*\}$ にうつるので，任意のモジュラー変換に対し

$$\operatorname{Im}\frac{a\tau^* + b}{c\tau^* + d} \leq K\operatorname{Im}\frac{a\tau + b}{c\tau + d}$$

が成り立つ．

この事実を幾何学的に解釈するため，S を任意のモジュラー変換とし，U は単位円板 $\{|w| < 1\}$ を上半平面上にうつす一次分数変換で $U(0) = \tau$ を満たすものとする．

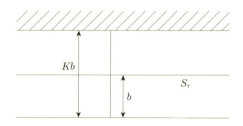

---

[26] ［訳註］すなわち $ad - bc = 1$ である．なお，対応する変換は以前の記述に合わせてモジュラー変換と呼ぶことにする．

$S\tau$ および $KS\tau$ を通る水平線をそれぞれ境界に持つ半平面に注目すると，$S\tau^*$ は前の図の斜線部には属さない[27]．$U^{-1}S^{-1}$ で引き戻すと $U^{-1}\tau^*$ は次の図の斜線円板には属さない．この円板は，単位円板に $U^{-1}S^{-1}(\infty)$ で接し，半径は K にのみ依存する．

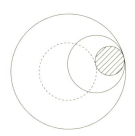

しかし，$S^{-1}(\infty)$ 全体は実軸上で稠密だから，$U^{-1}S^{-1}(\infty)$ 全体は単位円周上で稠密である．したがって，$U^{-1}\tau^*$ は，より半径の小さい円板に属する．中心に依存しない形に定式化すると，τ と τ^* との非ユークリッド距離は，高々 ib と iKb との非ユークリッド距離に等しい．すなわち

$$d[\tau,\tau^*] \leq \log K$$

と書ける．

定理 3 ϕ_0 に同値な K-qc 写像が存在するのは $d[\tau,\tau^*] \leq \log K$ のとき，かつそのときに限る．

証明 存在証明がまだだが，これは直ちに分かる．実際，アフィン写像

$$\psi(z) = \frac{(\tau^* - \overline{\tau})z + (\tau - \tau^*)\overline{z}}{\tau - \overline{\tau}}$$

を考えれば，$\psi(-z) = -\psi(z)$, $\psi(z+1) = \psi(z)+1$ かつ $\psi(z+\tau) = \psi(z)+\tau^*$ であるから，ψ は ϕ_0 に同値な Ω から Ω^* への写像 ϕ の持ち上げで，歪曲度はちょうど $e^{d[\tau,\tau^*]}$ である． □

---

[27] ［訳註］図では原著の誤植を修正した．

では，問題 1 についてはどうか？ ϕ_0 が e_1, e_2, e_3 を e_1^*, e_2^*, e_3^* に順序を保ってうつすとすると，ϕ はいつ条件を満たすだろうか？ そこで ϕ_0 が基底 (ω_1^*, ω_2^*) を定める $\psi_0 : P \to P^*$ に持ち上がるとし，ϕ は基底 $(c\omega_2^* + d\omega_1^*, a\omega_2^* + b\omega_1^*)$ を定める ψ に持ち上がるとすると，ϕ が e_1, e_2, e_3 を e_1^*, e_2^*, e_3^* にうつすのは $\begin{pmatrix} a & b \\ c & d \end{pmatrix} \equiv \begin{pmatrix} 1 & 0 \\ 0 & 1 \end{pmatrix} \bmod 2$ のとき，かつそのときに限ることが分かる．

一次分数変換 $\frac{a\tau+b}{c\tau+d}$ で $\begin{pmatrix} a & b \\ c & d \end{pmatrix}$ がユニモジュラーかつ mod 2 で単位行列と合同になるもの全体はモジュラー（変換）群のレベル 2 の主合同部分群 $\Gamma(2)$ であるが，この群を用いれば問題 1 は次のように解決できる．

定理 4 Ω から Ω^* への K-qc 写像で e_i を e_i^* に順序も保ってうつすものが存在するのは，$\Gamma(2)$ に関して τ^* と同値な点と τ との非ユークリッド距離の最小値が $\log K$ 以下のとき，かつそのときに限る．

さて，最初の補題に関連して $\begin{pmatrix} a & b \\ c & d \end{pmatrix} \equiv \begin{pmatrix} 1 & 0 \\ 0 & 1 \end{pmatrix} \bmod 2$ を満たすモジュラー変換で極値的長さ (1) を最小にするものを決定しておくことは無意味ではない．これは，τ が基本領域

$$\left|\tau \pm \frac{1}{2}\right| \geq \frac{1}{2}, \quad |\mathrm{Re}\,\tau| \leq 1 \quad (\mathrm{Im}\,\tau > 0)$$

に属するときは可能である．実際このとき

$$|c\tau + d| \geq |c\,\mathrm{Re}\,\tau + d| \geq |d| - |c|$$

かつ

$$|c\tau + d| = \left|c\left(\tau \pm \frac{1}{2}\right) \mp \frac{c}{2} + d\right|$$
$$\geq \frac{1}{2}|c| - \left||d| - \frac{1}{2}|c|\right| = |d| \text{ または } |c| - |d|$$

である．ここで係数の偶奇条件から $|d| \geq 1$ かつ，$|d| - |c| \geq 1$ または $|c| - |d| \geq 1$ である．したがって，$|c\tau + d|^2 \geq 1$ であり，かつ恒等変換のとき λ は最小になる．

系 $K < \sqrt{3}$ とし，ϕ を任意の全平面の K-qc 写像とする．このとき，任意

D.　四点配置　**57**

の正三角形の頂点は, ϕ により別の三角形の頂点に向きを保ってうつされる.

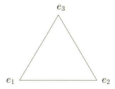

証明　このような写像は区分的アフィン写像で近似できる. また, 正三角形は
$$\rho = \frac{e_3 - e_1}{e_2 - e_1} = \frac{1 + i\sqrt{3}}{2}$$
に, したがって $\tau = \frac{-1+i\sqrt{3}}{2}$ に対応している[28]. 対応する ρ が実数である点でこの τ に最も近いもの（の一つ）は $\frac{-1+i}{2}$ で, それらの非ユークリッド距離は $\log\sqrt{3}$ である. したがって, $K < \sqrt{3}$ という仮定から $\operatorname{Im}\rho^* > 0$ である[29]が, これは向きが保たれることを意味する. 　□

この系では正規化条件が不要であることに注目せよ. 結論は局所的でもあり大域的でもある.

---

[28]　[訳註] B 節 (10), (11) 式より
$$\tau\left(\frac{1+i\sqrt{3}}{2}\right) = \tau\left(1 - \frac{1-i\sqrt{3}}{2}\right) = -1 \Big/ \frac{1+i\sqrt{3}}{2} = -\frac{1-i\sqrt{3}}{2}$$
である.

[29]　[訳註] 実際 τ^* は開円板 $|\tau - (-\frac{1}{2} + i)| < \frac{1}{2}$ に属する.

第 IV 章　境界対応

A. M-条件

円板の自己 qc 写像が境界円周の自己同相写像を誘導することは，すでに示した．では，この境界写像はどの程度滑らかなのだろうか？ それを簡単な条件で特徴付けられるだろうか？ なんと，それが可能なのである．

ここで，上半平面の自己 qc 写像で ∞ を ∞ に対応させるものを考える方が少しだけ簡単である．このとき，境界写像は実変数実数値の単調増加連続関数 $h(x)$ で $h(-\infty) = -\infty$ かつ $h(+\infty) = +\infty$ を満たすものとなる．では，この関数が満たすべき条件とは何だろうか？

まず，上半平面の自己 K-qc 写像 ϕ で境界関数が $h(x)$ であるものが存在するとする．鏡映変換を用いれば，ϕ は全平面の K-qc 写像に拡張できるが，拡張された写像に前章の結果を適用しよう．そのために，$e_1 < e_3 < e_2$ を実軸上の点とし，その像を e'_1, e'_3, e'_2 とする．さらに

$$\rho = \frac{e_3 - e_1}{e_2 - e_1}, \quad \rho' = \frac{e'_3 - e'_1}{e'_2 - e'_1}$$

とし[1]，τ, τ' を対応する虚軸上の値とするとき，

$$K^{-1} \operatorname{Im} \tau \leq \operatorname{Im} \tau' \leq K \operatorname{Im} \tau$$

が成り立った．

---

[1] ［訳註］取り方から $0 < \rho, \rho' < 1$ である．

特に，e_1, e_3, e_2 が等間隔点 $x-t, x, x+t$ である簡単な場合を考えれば，$\rho = 1/2$ なので $\tau = i$ になる．したがって

$$K^{-1} \leq \operatorname{Im} \tau(\rho') \leq K$$

が成り立つ．書き換えると

$$\rho(iK^{-1}) \leq \rho' \leq \rho(iK)$$

すなわち

(1) $$1 - \rho(iK) \leq \rho' \leq \rho(iK)$$

が得られる．

実際は

$$\frac{e_2' - e_3'}{e_3' - e_1'} = \frac{1-\rho'}{\rho'}$$

の評価を使う方が都合がよいのだが，(1) から

$$\frac{1-\rho(iK)}{\rho(iK)} \leq \frac{h(x+t) - h(x)}{h(x) - h(x-t)} \leq \frac{\rho(iK)}{1-\rho(iK)}$$

が得られる．

さらによいことには，$\rho(\tau+1) = 1/\rho(\tau)$ であったので，下からの評価式は $\rho(1+iK) - 1$ とも書ける．この値は積公式（第 III 章 B 節 (13) 式）より

$$\rho(1+iK) - 1 = 16 e^{-\pi K} \prod_{1}^{\infty} \left(\frac{1 + e^{-2n\pi K}}{1 - e^{-(2n-1)\pi K}} \right)^8$$

とも表せる[2]．以上をまとめると

(2) $$M(K)^{-1} \leq \frac{h(x+t) - h(x)}{h(x) - h(x-t)} \leq M(K)$$

が成り立つ．ただし

---

[2] ［訳註］(13) 式で $q = e^{\pi i(1+iK)} = -e^{-\pi K}$ を代入したものである．

(3) $$M(K) = \frac{1}{16} e^{\pi K} \prod_{1}^{\infty} \left(\frac{1 - e^{-(2n-1)\pi K}}{1 + e^{-2n\pi K}} \right)^8$$

である．この (2) の形の不等式を M-条件と呼ぶ．また (3) は最良値を与えるが，上界として

$$M(K) < \frac{1}{16} e^{\pi K}$$

も得られる．

定理 1 （上半平面の自己）K-qc 写像の境界関数は $M(K)$-条件 (2) を満たす．

擬等角写像における重要性はさておいたとしても，M-条件

(4) $$M^{-1} \leq \frac{h(x+t) - h(x)}{h(x) - h(x-t)} \leq M$$

自体から何が従うかを調べることは重要である．そこで，(4) 式を満たす h 全体の族を $H(M)$ とする．この族が，定義域および値域でのアフィン変換 $S : x \to ax + b$ で不変であることに注意しよう．言い換えると，$h \in H(M)$ なら $S_1 \circ h \circ S_2 \in H(M)$ である．そこで，$h(0) = 0, h(1) = 1$ と正規化された関数 h からなる部分族を考え $H_0(M)$ で表す．

$h \in H_0(M)$ に対しては

(5) $$\frac{1}{M+1} \leq h\left(\frac{1}{2}\right) \leq \frac{M}{M+1}$$

が成り立つ[3]から，帰納的に

(6) $$\frac{1}{(M+1)^n} \leq h\left(\frac{1}{2^n}\right) \leq \left(\frac{M}{M+1}\right)^n$$

が示せる．この不等式は，不等号を逆にすれば負の整数 n に対しても成り立つ．つまり，たとえば

$$h(2^n) \leq (M+1)^n$$

---

[3] ［訳註］$x = t = 1/2$ を代入すればよい．

が成り立つので，$h \in H_0(M)$ は任意のコンパクト区間上で一様有界である．（上の不等式を $h(x)$ と $1 - h(1-x)$ に適用すれば分かる．）

さらにこの部分族は同程度連続である．実際，任意に a を固定すると
$$\frac{h(a+x) - h(a)}{h(a+1) - h(a)}$$
は正規化されているから，$0 < x < 1/2^n$ ならば
$$h(a+x) - h(a) \leq (h(a+1) - h(a))\left(\frac{M}{M+1}\right)^n$$
となる．したがってコンパクト区間上での同程度連続性が示せ，次の主張を得る．

補題 1 族 $H_0(M)$ は（コンパクト一様収束に関して）コンパクトである．

実際，収束列の極限関数も不等式 (4) を満たさなければならないから，単調増加であることは自明である．

実はこのコンパクト性が $H_0(M)$ を特徴付けている．

補題 2 H_0 を正規化された同相写像 $h : \mathbb{R} \to \mathbb{R}$ の集合で，（上記の意味で）コンパクトかつアフィン写像の合成で不変であるとする．このとき $H_0 \subset H_0(M)$ となる M が存在する．

証明 $h \in H_0$ に対し $\alpha = \inf_h h(-1)$, $\beta = \sup_h h(-1)$ とする．このとき $h_n(-1) \to \alpha$ となる列が存在するが，そこから H_0 に属する同相写像に収束する部分列が選べる．したがって $\alpha > -\infty$ で，同様にして $\beta < 0$ も分かる．

さらに $h \in H_0$ に対し
$$k(x) = \frac{h(y + tx) - h(y)}{h(y + t) - h(y)} \quad (t > 0)$$
も H_0 に属すから
$$\alpha \leq \frac{h(y-t) - h(y)}{h(y+t) - h(y)} \leq \beta$$
すなわち

$$-\frac{1}{\alpha} \leq \frac{h(y+t) - h(y)}{h(y) - h(y-t)} \leq -\frac{1}{\beta}$$

が成り立つが，これは M-条件に他ならない． □

さらに，後で必要になる（(5) 式に類似の）不等式を示しておく．

補題3 $h \in H_0(M)$ に対し次式が成り立つ．

$$\frac{1}{M+1} \leq \int_0^1 h(x)\,dx \leq \frac{M}{M+1}$$

証明 $F(x) = \sup\{h(x) \mid h \in H_0(M)\}$ とする．この奇妙な関数を正確に求めることはとても難しいように思える[4]．ただ，すぐに導ける評価式もある．

すでに $F(1/2) \leq M/(M+1)$ は示したが

$$\frac{h(tx)}{h(t)} \in H_0(M)$$

だから，$x = 1/2$ を代入すれば

$$\frac{h(\frac{t}{2})}{h(t)} \leq F\left(\frac{1}{2}\right)$$

となる．したがって $t > 0$ に対し

(7) $$F\left(\frac{t}{2}\right) \leq F\left(\frac{1}{2}\right) F(t)$$

が成り立つ．同様に

$$\frac{h((1-t)x + t) - h(t)}{1 - h(t)} \in H_0(M)$$

だから

$$\frac{h(\frac{1+t}{2}) - h(t)}{1 - h(t)} \leq F\left(\frac{1}{2}\right)$$

が得られ，$t < 1$ に対し

$$h\left(\frac{1+t}{2}\right) \leq F\left(\frac{1}{2}\right) + \left(1 - F\left(\frac{1}{2}\right)\right) h(t)$$

したがって

---

[4] ［訳註］単調増加で，特に可測であることはすぐ分かる．

(8) $$F\left(\frac{1+t}{2}\right) \leq F\left(\frac{1}{2}\right) + \left(1 - F\left(\frac{1}{2}\right)\right) F(t)$$

が成り立つ．(7) 式と (8) 式を加えれば

(9) $$F\left(\frac{t}{2}\right) + F\left(\frac{1+t}{2}\right) \leq F\left(\frac{1}{2}\right) + F(t)$$

も得られる．

この (9) 式から

$$\int_0^1 F(t)\,dt = \frac{1}{2}\int_0^2 F\left(\frac{t}{2}\right) dt$$
$$= \frac{1}{2}\int_0^1 \left(F\left(\frac{t}{2}\right) + F\left(\frac{1+t}{2}\right)\right) dt \leq \frac{1}{2} F\left(\frac{1}{2}\right) + \frac{1}{2}\int_0^1 F(t)\,dt$$

すなわち

$$\int_0^1 F(t)\,dt \leq F\left(\frac{1}{2}\right)$$

が成り立ち，右側の不等式が得られる．

左側の不等式は $1 - h(1-t)$ に上記の結果を適用すればよい． □

注意

$$\frac{1}{M+1} \leq h\left(\frac{1}{2}\right) \leq \frac{M}{M+1}$$

から，より粗い不等式

$$\frac{1}{2(M+1)} \leq \int_0^1 h\,dt \leq \frac{2M+1}{2(M+1)}$$

は直ちに分かる[5]．以下の議論のためにはこの程度の評価で十分で，補題 3 は少し精密すぎる結果である．

B. M-条件の十分性

次に定理 1 の逆を示そう．

---

[5] ［訳註］付録の補足説明 (IV-1) を見よ．

B. M-条件の十分性

定理 2 M-条件を満たす任意の境界写像 h は,上半平面の自己 K-qc 写像に拡張できる.ここで K は M のみに依存する.

証明 具体的に拡張を与えよう.写像 $\phi(x,y) = u(x,y) + iv(x,y)$ を

(1)
$$u(x,y) = \frac{1}{2y} \int_{-y}^{y} h(x+t)\,dt$$
$$v(x,y) = \frac{1}{2y} \int_{0}^{y} (h(x+t) - h(x-t))\,dt$$

で定義すると,明らかに $v(x,y) \geq 0$ で $y \to 0$ のとき 0 に収束する.さらに $u(x,0) = h(x)$ となり境界条件を満たす.

この定義は

(1)'
$$u = \frac{1}{2y} \int_{x-y}^{x+y} h(t)\,dt$$
$$v = \frac{1}{2y} \left(\int_{x}^{x+y} h(t)\,dt - \int_{x-y}^{x} h(t)\,dt \right)$$

と書き直せるが,この表現から偏微分係数の存在は明らかで

$$u_x = \frac{1}{2y}(h(x+y) - h(x-y))$$
$$u_y = -\frac{1}{2y^2} \int_{x-y}^{x+y} h\,dt + \frac{1}{2y}(h(x+y) + h(x-y))$$
$$v_x = \frac{1}{2y}(h(x+y) - 2h(x) + h(x-y))$$
$$v_y = -\frac{1}{2y^2} \left(\int_{x}^{x+y} h\,dt - \int_{x-y}^{x} h\,dt \right) + \frac{1}{2y}(h(x+y) - h(x-y))$$

となる.

ここで,証明すべきことをより簡明にできる.すなわち $a > 0$ として,$h(t)$ を $h_1(t) = h(at + b)$ で置き換えても同じ M-条件を満たし,$\phi(z)$ は $\phi_1(z) = \phi(az + b)$ に置き換わる.このとき $\phi_1(i) = \phi(ai + b)$ で,$ai + b$ として上半平面の任意の点が取れるから,歪曲度は i でのみ調べればよい.さらに今までと同様,$h(0) = 0, h(1) = 1$ と仮定してよい.

このとき,i での偏微分係数はそれぞれ

第 IV 章 境界対応

$$u_x = \frac{1}{2}(1 - h(-1))$$
$$u_y = -\frac{1}{2}\int_{-1}^{1} h\,dt + \frac{1}{2}(1 + h(-1))$$
$$v_x = \frac{1}{2}(1 + h(-1))$$
$$v_y = -\frac{1}{2}\left(\int_0^1 h\,dt - \int_{-1}^0 h\,dt\right) + \frac{1}{2}(1 - h(-1))$$

である.一方,歪曲度 d は

$$d = \left|\frac{(u_x - v_y) + i(v_x + u_y)}{(u_x + v_y) + i(v_x - u_y)}\right|$$

だが,表現を簡単にするため

$$\xi = 1 - \int_0^1 h\,dt, \quad \beta = -h(-1),$$
$$\eta\beta = -h(-1) + \int_{-1}^0 h\,dt \quad (>0)$$

とすると

$$u_x = \frac{1}{2}(1 + \beta) \qquad v_x = \frac{1}{2}(1 - \beta)$$
$$u_y = \frac{1}{2}(\xi - \eta\beta) \qquad v_y = \frac{1}{2}(\xi + \eta\beta)$$

と書ける.したがって

$$d = \left|\frac{((1-\xi) + \beta(1-\eta)) + i((1+\xi) - \beta(1+\eta))}{((1+\xi) + \beta(1+\eta)) + i((1-\xi) - \beta(1-\eta))}\right|$$

となり

$$d^2 = \frac{1 + \xi^2 + \beta^2(1+\eta^2) - 2\beta(\xi+\eta)}{1 + \xi^2 + \beta^2(1+\eta^2) + 2\beta(\xi+\eta)},$$
$$\frac{1+d^2}{1-d^2} = \frac{1}{2}\left[\frac{1}{\beta}\frac{1+\xi^2}{\xi+\eta} + \beta\frac{1+\eta^2}{\xi+\eta}\right]$$

を得る.

一方,前節ですでに

$$M^{-1} \leq \beta \leq M, \quad \frac{1}{M+1} \leq \xi \leq \frac{M}{M+1},$$
$$\frac{1}{M+1} \leq \eta \leq \frac{M}{M+1}$$

という評価を示した．（最後の不等式は対称性から分かる[6]．）

これらから，たとえば
$$\frac{1+d^2}{1-d^2} < M(M+1)$$
したがって特に
$$D < 2M(M+1)$$
が得られる．

この評価式から直ちにヤコビアンが正であることが分かり，ϕ が局所的に 1 対 1 であることも分かる．

さらに $z \to \infty$ のとき $\phi(z) \to \infty$ であることも示さなければならない．(1)$'$ は
$$u = \frac{1}{2y}\left(\int_{x-y}^{x} h\,dt + \int_{x}^{x+y} h\,dt\right)$$
$$v = \frac{1}{2y}\left(\int_{x}^{x+y} h\,dt - \int_{x-y}^{x} h\,dt\right)$$
とも書けるから
$$u^2 + v^2 = \frac{1}{2y^2}\left[\left(\int_{x-y}^{x} h\,dt\right)^2 + \left(\int_{x}^{x+y} h\,dt\right)^2\right]$$
となる．したがって

$x \geq 0$ なら $\quad u^2 + v^2 > \dfrac{1}{2y^2}\left(\displaystyle\int_{0}^{y} h\,dt\right)^2$

$x \leq 0$ なら $\quad u^2 + v^2 > \dfrac{1}{2y^2}\left(\displaystyle\int_{-y}^{0} h\,dt\right)^2$

---

[6] ［訳註］たとえば $h(-t)/h(-1)$ を考えよ．

が成り立つ．いずれの場合も $y \to \infty$ のとき $\to \infty$ である[7]．y が有界でも $z \to \infty$ なら $u^2 + v^2 \to \infty$ であることも容易に分かる．

これで $\zeta = \phi(z)$ が上半平面のそれ自身による滑らかな（限界のない）被覆の被覆射影であることが分かった．したがって，一価性定理より ϕ は同相写像である． □

注意 1 Beuring と著者（アールフォルス）により $D < M^2$ が示されている．ただ，その証明では ϕ の定義に補助パラメータを導入する必要があった．

注意 2 M-条件を満たす $h(t)$ はどの程度滑らかなのかが問題になる．長い間，そのような境界関数は絶対連続だと信じられていたが，それは正しくない．実際，絶対連続でないが M-条件を満たす h を構成できる．

C. 擬等長写像

上半平面の自己等角写像は双曲距離（非ユークリッド距離）を不変にする．では，qc 写像なら双曲距離は擬不変だろうか？ もちろんこれは，一般には成り立たない．以下では，双曲距離が有界倍くらいしか変化しないような写像を擬等長であると呼ぶことにする．

定理 3 B 節で定義した拡張 ϕ は擬等長である．実際，M にのみ依存する定数 A で（任意の上半平面の点 z_1, z_2 に対し）

(1) $$A^{-1} d[z_1, z_2] \leq d[\phi(z_1), \phi(z_2)] \leq A d[z_1, z_2]$$

が成り立つものが存在する．

証明 (1) の無限小版，すなわち

(2) $$A^{-1} \frac{|dz|}{y} \leq \frac{|d\phi|}{v} \leq A \frac{|dz|}{y}$$

を示せばよい．

---

[7] ［訳註］付録の補足説明 (IV-2) を見よ．

やはり z-平面のアフィン写像の合成は無視できるから，点 $i = (0,1)$ で示せば十分である．

$$v(i) = \frac{1}{2}\left(\int_0^1 h\,dt - \int_{-1}^0 h\,dt\right)$$

だったから，（補題 3 から）

$$\frac{1}{2M} \leq v(i) \leq \frac{M}{2}$$

が容易に分かる[8]．

一方

$$\frac{1}{D}|\phi_z||dz| \leq |d\phi| \leq 2|\phi_z||dz|$$

で，

$$|\phi_z|^2 = \frac{1}{8}\left[(1+\xi^2) + \beta^2(1+\eta^2) + 2\beta(\xi+\eta)\right]$$

だから，(2) 式が（たとえば）

$$A = 4M^2(M+1)$$

で成り立つことが分かるが，計算は省略する． □

D. 擬等角鏡映変換

この節では，全平面の自己 K-qc 写像 ϕ を考えよう．このとき実軸は，両端が ∞ へ向かう単純曲線 L にうつされる．この L を幾何学的性質で特徴付けできないだろうか[9] ？

まず一般に L が平面を Ω と Ω^* に分けるとし，それぞれ上半平面 H と下半平面 H^* に対応しているとする．j を H と H^* を入れ替える複素共役 $z \to \bar{z}$ とすると，$\phi \circ j \circ \phi^{-1}$ は Ω と Ω^* を入れ替え，L の各点を固定し，向

---

[8] ［訳註］$v(i)$ の式で，右辺第 2 項の評価には，たとえば

$$\frac{1}{M(M+1)} \leq -h(-1)\int_0^1 \frac{h(-t)}{h(-1)}\,dt \leq M\frac{M}{M+1}$$

を使えばよい．

[9] ［原註］たとえば，L の面積が 0 であることはすでに示した．

きを変える K^2-qc 写像である．このとき，L は K^2-qc 鏡映変換（擬等角鏡映変換）を持つという．

逆に L が K^2-qc 鏡映変換 ω を持つとする．f を H から Ω 上への等角写像（で実軸を L にうつすもの）として，

(1) $\begin{cases} F = f & H \text{ 上で} \\ F = \omega \circ f \circ j & H^* \text{ 上で} \end{cases}$

と定義すれば，明らかに F は K^2-qc である．したがって，L が qc 鏡映変換を持つのは，L が全平面の qc 写像による直線の像であるとき，かつそのときに限ることが分かった．さらにこの全平面の qc 自己写像は一方の半平面では等角にできることも示した．このとき，半平面の等角写像 f は全平面に K^2-qc 拡張（擬等角拡張）できるともいう．

H^* から Ω^* への同様の等角写像 f^* も考えると，$j \circ f^{*-1} \circ \omega \circ f$ は H の自己擬等角写像である．実軸に制限すると $h(x) = f^{*-1} \circ f(x)$ で，この h が M-条件を満たすことはすでに示した．また L により h は高々アフィン変換の合成（つまり $h(x)$ の $Ah(ax+b)+B$ への取り換え）を除いて一意的に定まる．

一方（実軸の自己同相写像）h が M-条件を満たすなら，h を境界関数とする H の qc 写像が構成できた．その写像は，H から H^* への向きを変える（同相）写像 ι にもできる．このとき，まだ証明できないが，全平面の自己写像 ϕ で H 上等角かつ H^* 上 $\phi \circ \iota \circ j$ が等角となるものが存在する．（実際，条件から複素歪曲係数 μ が全平面で定まり，次の第 V 章定理 3 により $\mu_\phi = \mu$ となる ϕ が存在する．）このとき，ϕ は実軸を曲線 L にうつし，L は h を定める．

では，L はどの程度 h で定まるのだろうか？ そこで L_1 と L_2 は qc 鏡映

変換 ω_1 と ω_2 を持つとする.さらに,対応する等角写像をそれぞれ f_1, f_1^* と f_2, f_2^* とし,同じ $h = f_1^{*-1} \circ f_1 = f_2^{*-1} \circ f_2$ を定めるとする.このとき写像

$$g = \begin{cases} f_2 \circ f_1^{-1} & \Omega_1 \text{ 上で} \\ f_2^* \circ f_1^{*-1} & \Omega_1^* \text{ 上で} \end{cases}$$

は $\Omega_1 \cup \Omega_1^*$ 上等角で L_1 上でも連続であるが,全平面上でも等角だろうか? すでにほとんどすべての点で等角な qc 写像は等角であることは示したから,g が擬等角であることさえ示せば,主張が得られる.

そのために F_1 と F_2 を (1) 式のように定義し,H^* 上で

$$G = F_2^{-1} \circ f_2^* \circ f_1^{*-1} \circ F_1$$

とする[10].G は実軸上では恒等写像だから,H 上では $G(z) = z$ と定義すると G は擬等角である.したがって $F_2 \circ G \circ F_1^{-1}$ も擬等角だが,この写像は Ω_1^* では $f_2^* \circ f_1^{*-1}$ に等しく Ω_1 では $f_2 \circ f_1^{-1}$ に等しい.すなわち g に一致する.

これで g が等角であることが証明できた.したがって f_1 と f_2 とはアフィン写像の合成しか違わず,L は本質的に一意である.

さて,主要な問題は二つある.

問題 1 L を幾何学的性質で特徴付けよ.

問題 2 f(そして f^*)を特徴付けよ.

以下では,問題 1 を解決しよう.問題 2 の解答は知らないが,そのような特徴付けは,(アフィン変換に関する)不変量 f''/f' の解析的性質を用いるのに違いない.

まず,K-qc 鏡映変換は本来の鏡映変換が持つ多くの特徴を保持していることを示そう.そのために $\zeta^* = \omega(\zeta)$ とし,$\zeta = \phi(z)$, $\zeta^* = \phi(\bar{z})$ とする.また z_0 は実数を表し $\zeta_0 = \phi(z_0)$ とする.

---

[10] [原註] すなわち $G = j \circ f_2^{-1} \circ \omega_2 \circ f_2^* \circ f_1^{*-1} \circ \omega_1 \circ f_1 \circ j$ である.

第 IV 章 境界対応

以下，この節では，K にのみ依存する様々な関数をすべて同じ $C(K)$ で表すことにする．

補題 1

$$C(K)^{-1} \leq \left| \frac{\zeta^* - \zeta_0}{\zeta - \zeta_0} \right| \leq C(K)$$

証明

$$\rho = \frac{z_0 - z}{z_0 - \bar{z}}$$

は $|\rho| = 1$ を満たすから，対応する τ は直線 $\mathrm{Re}\,\tau = \pm 1/2$ の $\mathrm{Im}\,\tau \geq 1/2$ の部分に属す．

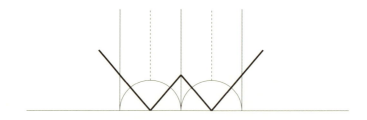

したがって，$\rho' = (\zeta_0 - \zeta)/(\zeta_0 - \zeta^*)$ に対応する τ' は，これらの半直線から双曲距離 $\log K$ 以下にある．すなわち，図で W の形の折れ線より上の領域に属す．

$\rho = \infty$ に対応する点 ± 1 は，この W-領域からは離れている．さらにこの領域内から $\mathrm{Im}\,\tau \to \infty$ のとき $\rho \to 1$ で，$\pm 1/2$ に近づくときも $\rho \to 1$ であ

る[11]．したがって ρ' は，ある定数 $C(K)$ で押さえられ，主張を得る． □

注意 τ' の動ける範囲はもっと狭いので $\tau = \pm 1/2$ には近づけない．したがって $\rho(\tau)$ の $\pm 1/2$ での挙動は，この証明には必要なかった．

特に $\delta(\zeta)$ を ζ と L とのユークリッド距離とすると，次の結果を得る．

補題 2
$$C(K)^{-1} \leq \frac{\delta(\zeta^*)}{\delta(\zeta)} \leq C(K)$$

証明 自明である． □

次に領域 Ω と Ω^* は，$\zeta = f(z)$ などとして
$$\lambda |d\zeta| = \frac{|dz|}{y}$$
などで定まる双曲計量を持つ．また qc 鏡映変換 ω は H から H^* への K-qc 写像を誘導するが，この写像は $C(K)$-擬等長写像とすることができた．すなわち，ω を
$$C(K)^{-1}\lambda|d\zeta| \leq \lambda^*|d\zeta^*| \leq C(K)\lambda|d\zeta|$$
が（$\zeta^* = \omega'(\zeta)$ で）成り立つような qc 鏡映変換 ω' に取り換えることができる．

ここで $\lambda(\zeta)$ を $\delta(\zeta)$ で評価することは簡単である．

---

[11] ［訳註］モジュラー変換 $z \mapsto z/(\pm 2z + 1)$ により ∞ は $\pm 1/2$ にうつるからである．なお，$\rho = -1$ となるのは第 III 章 B 節 (10) 式にあるように $\tau = (\pm 1 + i)/2$ のときである．

74　第 IV 章　境界対応

そのために Ω を $\{|w| < 1\}$ 上に等角写像する．ただし $w(\zeta_0) = 0$ とする[12]．シュワルツの補題より

$$|w'(\zeta_0)| \leq \frac{1}{\delta(\zeta_0)}$$

だが，原点での双曲計量の線素は $2|dw|$ だから

$$\lambda(\zeta_0) = 2|w'(\zeta_0)| \leq \frac{2}{\delta(\zeta_0)}$$

が成り立つ．

一方，Koebe の歪曲定理からは

$$\delta(\zeta_0) \geq \frac{1}{4}\frac{1}{|w'(\zeta_0)|}$$

が分かるから

$$\lambda(\zeta_0) \geq \frac{1}{2\delta(\zeta_0)}$$

も得られる．

以上の評価と補題 2 から，次の主張が得られる．

補題 3　曲線 L に関する K-qc 鏡映変換が存在すれば，（$\mathbb{C} - L$ 上で）可微分で，ユークリッド的距離の変化が高々 $C(K)$ 倍で評価できる $C(K)$-qc 鏡映変換も存在する．

これは驚くべき結果である．実際，一般には Hölder 条件が成り立つことくらいしか期待できないのだから．

---
[12]　[訳註] ここでは w は等角写像: $\Omega \to \{|w| < 1\}$ を表し ζ_0 は Ω の点である．

次に，図のように L 上の 3 点で ζ_3 が ζ_1 と ζ_2 の間にあるものを選ぶ．このとき $\rho = (z_3 - z_1)/(z_2 - z_1)$ は 0 と 1 の間の値だから，τ は虚軸上にある．したがって τ^* の偏角は

$$2\arctan K^{-1}(= \alpha) \leq \arg \tau^* \leq \pi - 2\arctan K^{-1}$$

を満たす[13]．$|\operatorname{Re}\tau^*| \leq 1$ も成り立つように選べるから，τ^* は図の領域内にある．

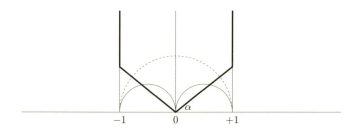

この領域で $|\rho|$ が最大値 $C(K)$ を持つことはやはり明らかだから，次の定理が証明された．

定理 4 L 上の 3 点 $\zeta_1, \zeta_2, \zeta_3$ で ζ_3 が ζ_1 と ζ_2 の間にあるものに対し
$$\left|\frac{\zeta_3 - \zeta_1}{\zeta_2 - \zeta_1}\right| \leq C(K)$$
が成り立つ．

主張の不等式をもっと対称な形に書けば
$$\left|\zeta_3 - \frac{\zeta_1 + \zeta_2}{2}\right| \leq C(K)|\zeta_1 - \zeta_2|$$
となるが，この形でなら $C(K)$ の最良値が計算できる．実際その値は $e^{i\alpha}$ に対応する[14]ので，具体的に計算可能である．

---

[13] ［訳註］ここで α は条件 $\int_\alpha^{\pi/2} \frac{d\theta}{\sin\theta} = \log K$ で定まる．

[14] ［訳註］$\frac{\frac{\zeta_1+\zeta_2}{2} - \zeta_3}{\zeta_2 - \zeta_1} = \frac{1}{2} - \frac{\zeta_3 - \zeta_1}{\zeta_2 - \zeta_1}$ である．

E. 逆の主張（擬等角鏡映の存在条件）

さて，最後の定理の条件は，必要なだけでなく十分でもあること，つまり次の定理を証明しよう．

定理 5 曲線 L に関する qc 鏡映変換が存在するための必要十分条件は，L 上の任意の 3 点で ζ_3 が ζ_1 と ζ_2 の間にあるものに対し

(1) $$\left| \frac{\zeta_3 - \zeta_1}{\zeta_2 - \zeta_1} \right| \leq C$$

が常に成り立つような定数 C が存在することである．

より正確には，K が与えられたときは C は K のみに依存し，C が与えられたときは C のみに依存する K で，L に関する K-qc 鏡映変換が存在するものが定まる，という主張である．

証明 証明では図にある記号を使う．

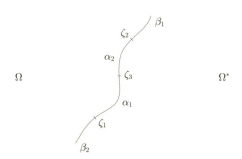

λ_k を α_k から β_k までの Ω 内での極値的距離[15]とし，λ_k^* を Ω^* 内での同様の極値的距離とする．したがって $\lambda_1 \lambda_2 = 1$ かつ $\lambda_1^* \lambda_2^* = 1$ である．さらに，Ω の上半平面への等角写像により $\zeta_1, \zeta_3, \zeta_2$ が $x - t, x, x + t$ に対応すると仮定する．特に $\lambda_1 = \lambda_2 = 1$ である．Ω^* の下半平面への等角写像によっ

---

[15] ［原註］α から β までの E 内での極値的距離とは，E 内で α と β とを結ぶ曲線全体からなる族の極値的長さである．

ては $\zeta_1, \zeta_3, \zeta_2$ は $h(x-t), h(x), h(x+t)$ に対応するから，λ_1^* が有界であることを示せば，h が M-条件を満たすことが直ちに分かり，したがって qc 鏡映変換が存在することの証明が終わる．

そのためまず，$\lambda_1 = 1$ から

(2) $$C^{-2} e^{-2\pi} \leq \left| \frac{\zeta_2 - \zeta_1}{\zeta_3 - \zeta_2} \right| \leq C^2 e^{2\pi}$$

を示そう．実際，(1) 式から β_2 上の点は ζ_2 との距離が $C^{-1}|\zeta_2 - \zeta_1|$ 以上であり，α_2 上の点は ζ_2 との距離が $C|\zeta_3 - \zeta_2|$ 以下である．したがって，(2) 式の上界が正しくないなら，α_2 と β_2 は半径比が $e^{2\pi}$ の同心円環で分離されることになる．そのような円環での境界円周の間の極値的距離は 1 だから，極値的長さの比較原理より $\lambda_2 > 1$ でなければならないが，これは仮定に反する．これで上界が正しいことが示せたが，下界についても ζ_1 と ζ_3 を入れ替えれば証明できる．

次に，$\zeta \in \alpha_2, \zeta' \in \beta_2$ に対し，(1) 式を繰り返し使えば

$$|\zeta - \zeta'| \geq C^{-1}|\zeta - \zeta_1| \geq C^{-2}|\zeta_1 - \zeta_3|$$

を得る[16]．したがって α_2 と β_2 との距離は，$\geq C^{-4} e^{-2\pi}|\zeta_2 - \zeta_1|$ を満たすことがわかる．そこで

$$M_1 = C|\zeta_2 - \zeta_1|, \quad M_2 = C^{-4} e^{-2\pi}|\zeta_2 - \zeta_1|$$

とおくと，特に (1) から，α_2 の任意の点は ζ_2 からの距離が M_1 以内にある．

さて，Γ^* を Ω^* 内で α_2 と β_2 とを結ぶ弧全体からなる族とすると，

$$\lambda_2^* = \lambda(\Gamma^*) \geq \frac{L(\rho)^2}{A(\rho)}$$

であった．ただし，ρ は許容された関数（第 I 章 D 節）だが，そのような ρ を，円板 $\{|\zeta - \zeta_2| \leq M_1 + M_2\}$ では $\rho = 1$ で，それ以外では $\rho = 0$ と定義する．このとき $L_\gamma(\rho) \geq M_2$ が，円板に含まれるか否かに関係なく，任意の $\gamma \in \Gamma^*$ に対して成り立つから，

---

[16] ［訳註］上述の議論に従えば，右辺は原著に記された ζ_2 ではなく ζ と ζ_1 の間の ζ_3 でなければならない．この変更に伴い，以下の議論も原著から若干変わるが本質的な違いはない．付録の補足説明 (IV-3) も見よ．

$$\lambda_2^* \geq \frac{1}{\pi}\left(\frac{M_2}{M_1+M_2}\right)^2$$

を得る．一方 $\lambda_1^* \lambda_2^* = 1$ だから，λ_1^* は有限な上界を持つことが分かり，定理の証明が終わった． $\square$

第 V 章 写像定理

A. 二つの積分作用素

この章では，与えられた複素歪曲係数 μ_f を持つ qc 写像 f が存在することを示そう．言い換えれば，ベルトラミ方程式

$$(1) \qquad f_{\bar{z}} = \mu f_z$$

の解を与えよう[1]．ここで μ は可測関数で，ほとんどすべての点で $|\mu| \leq k < 1$ を満たす．さらに，その解は同相写像であり $f_{\bar{z}}$ と f_z は局所可積分な超関数の意味での偏導関数でなければならない．そうすれば第 II 章での議論から，それらは局所 2 乗可積分でもあったが，さらに局所 L^p (p 乗可積分) となる $p > 2$ が存在することが以下で明らかになる．

まず，$p > 2$ として（全平面上の）関数 $h \in L^p$ に作用する作用素 P を

$$(2) \qquad Ph(\zeta) = -\frac{1}{\pi} \iint h(z) \left(\frac{1}{z-\zeta} - \frac{1}{z} \right) dx\,dy$$

で定義する．（積分は全平面上で行う．）

補題 1　Ph は連続で，指数 $1 - 2/p$ での一様 Hölder 条件を満たす．

証明　$h \in L^p$ かつ $1/p + 1/q = 1$ となる q に対し $\zeta/(z(z-\zeta)) \in L^q$ だから積分 (2) は収束する．実際，$1 < q < 2$ であり，そのような q に対し積

---

[1] ［訳註］この章の B 節の定理 3 である．特に，いわゆる可測型リーマン写像定理が得られる．

分 $\iint |z(z-\zeta)|^{-q}\,dx\,dy$ は 0 や $\zeta\,(\neq 0)$ で，さらに ∞ においても収束する．したがって $\zeta \neq 0$ なら Hölder の不等式から

$$|Ph(\zeta)| \leq \frac{|\zeta|}{\pi}\|h\|_p \left\|\frac{1}{z(z-\zeta)}\right\|_q$$

が成り立つ．次に，変数変換すれば

$$\iint |z(z-\zeta)|^{-q}\,dx\,dy = |\zeta|^{2-2q}\iint |z(z-1)|^{-q}\,dx\,dy$$

だから，p にのみ依存する定数 K_p で

(3) $$|Ph(\zeta)| \leq K_p\|h\|_p|\zeta|^{1-2/p}$$

が成り立つものが存在する．（なお，$\zeta = 0$ なら不等式 (3) は自明である．）

さて，$h_1(z) = h(z+\zeta_1)$ に，この評価を適用すると

$$\begin{aligned}Ph_1(\zeta_2 - \zeta_1) &= -\frac{1}{\pi}\iint h(z+\zeta_1)\left(\frac{1}{z+\zeta_1-\zeta_2} - \frac{1}{z}\right)dx\,dy \\ &= -\frac{1}{\pi}\iint h(z)\left(\frac{1}{z-\zeta_2} - \frac{1}{z-\zeta_1}\right)dx\,dy \\ &= Ph(\zeta_2) - Ph(\zeta_1)\end{aligned}$$

が成り立つから，

(4) $$|Ph(\zeta_1) - Ph(\zeta_2)| \leq K_p\|h\|_p|\zeta_1 - \zeta_2|^{1-2/p}$$

を得る．これが示すべき不等式であった． □

もう一つの作用素 T は，まず $h \in C_0^2$ (すなわち C^2-級でコンパクトな台を持つ関数 h) に対してのみ定義され，値はコーシーの主値積分

(5) $$Th(\zeta) = \lim_{\epsilon \to 0} -\frac{1}{\pi}\iint_{|z-\zeta|>\epsilon} \frac{h(z)}{(z-\zeta)^2}\,dx\,dy$$

で与えられる[2]．この作用素に対し，次の補題が成り立つ．

補題 2 任意の $h \in C_0^2$ に対し Th は存在し C^1-級である．さらに

---

[2] ［訳註］付録の補足説明 (V-1) を見よ．

(6)
$$(Ph)_{\bar{z}} = h$$
$$(Ph)_z = Th$$

かつ

(7)
$$\iint |Th|^2 \, dx \, dy = \iint |h|^2 \, dx \, dy$$

が成り立つ.

証明 まず (6) 式を, $h \in C_0^1$ というより弱い仮定のもとで示そう. この場合でも

(8)
$$(Ph)_{\bar{\zeta}} = -\frac{1}{\pi} \iint \frac{h_{\bar{z}}}{z - \zeta} \, dx \, dy$$
$$(Ph)_{\zeta} = -\frac{1}{\pi} \iint \frac{h_z}{z - \zeta} \, dx \, dy$$

が成り立つ[3]. そこで, γ_ϵ を ζ 中心で半径 ϵ の円周とするとストークスの公式[4]から

$$-\frac{1}{\pi} \iint \frac{h_{\bar{z}}}{z - \zeta} \, dx \, dy = \frac{1}{2\pi i} \iint \frac{h_{\bar{z}}}{z - \zeta} \, dz \, d\bar{z}$$
$$= -\frac{1}{2\pi i} \iint \frac{dh \, dz}{z - \zeta}$$
$$= \lim_{\epsilon \to 0} \frac{1}{2\pi i} \int_{\gamma_\epsilon} \frac{h \, dz}{z - \zeta} = h(\zeta)$$

かつ

$$-\frac{1}{\pi} \iint \frac{h_z}{z - \zeta} \, dx \, dy = \frac{1}{2\pi i} \iint \frac{dh \, d\bar{z}}{z - \zeta}$$
$$= \lim_{\epsilon \to 0} \left[-\frac{1}{2\pi i} \int_{\gamma_\epsilon} \frac{h \, d\bar{z}}{z - \zeta} + \frac{1}{2\pi i} \iint_{|z - \zeta| > \epsilon} \frac{h \, dz \, d\bar{z}}{(z - \zeta)^2} \right]$$
$$= Th(\zeta)$$

が得られる. これで (6) 式が示せた.

---

[3] ［訳註］付録の補足説明 (V-2) を見よ.

[4] ［訳註］本書で「ストークスの公式」と呼ばれている公式は, グリーンの公式と呼ばれることも多い. 付録の補足説明 (V-3) を見よ. 以下では原著の通りに「ストークスの公式」と呼ぶ.

次に (8) 式は

(9)
$$P(h_{\bar{z}}) = h - h(0)$$
$$P(h_z) = Th - Th(0)$$

と書ける．したがって $h \in C_0^2$ なら (6) 式を h_z に適用すれば (9) 式から

(10)
$$(Th)_{\bar{z}} = P(h_z)_{\bar{z}} = h_z$$
$$(Th)_z = P(h_z)_z = T(h_z) = P(h_{zz}) + Th_z(0)$$

が成り立つ．特に $Th \in C^1$ かつ $Ph \in C^2$ である．

さらに h はコンパクトな台を持つので，定義から直ちに，$z \to \infty$ のとき $Ph = O(1)$ かつ $Th = O(|z|^{-2})$ であることがわかる．したがって（ストークスの公式により）

$$\iint |Th|^2 \, dx \, dy = -\frac{1}{2i} \iint (Ph)_z \overline{(Ph)_{\bar{z}}} \, dz \, d\bar{z}$$
$$= \frac{1}{2i} \iint Ph \overline{(Ph)}_{\bar{z}z} \, dz \, d\bar{z} = \frac{1}{2i} \iint (Ph) \overline{h}_{\bar{z}} \, dz \, d\bar{z}$$
$$= -\frac{1}{2i} \iint \overline{h}(Ph)_{\bar{z}} \, dz \, d\bar{z} = \iint |h|^2 \, dx \, dy$$

と変形ができるので，(7) の等長性が示せた． □

さて，C_0^2 は L^2 内で稠密だから，連続性により等長作用素 T は L^2 全体に拡張できる．一方，P についてはそうはいかない．実際，h が L^2 に属すというだけでは積分は意味を持たず，たとえ主値を取ったとしてもとても困難で，拡張しようという気力を失くしてしまう．

この解決策は，Calderón–Zygmund の不等式

(11)
$$\|Th\|_p \leq C_p \|h\|$$

を等長性 (7) の代わりに使うことにより手に入る．ここで $p > 1$ は任意で，$p \to 2$ のとき $C_p \to 1$ とできる．特に T は L^p まで自然に拡張でき，$p > 2$ なら P 作用素も定義できる．

この Calderón–Zygmund の不等式の証明はこの章の D 節で与えることに

して，ここではこの不等式を認めて，次の補題を示そう．

補題 3 $p > 2$ とすると任意の $h \in L^p$ に対し

$$
\begin{aligned}
(Ph)_{\bar{z}} &= h \\
(Ph)_z &= Th
\end{aligned}
\tag{12}
$$

が，超関数の意味で成り立つ．

証明 任意のテスト関数 $\phi \in C_0^1$ に対し

$$
\begin{aligned}
\iint (Ph)\phi_{\bar{z}} &= -\iint \phi h \\
\iint (Ph)\phi_z &= -\iint \phi Th
\end{aligned}
\tag{13}
$$

を証明しなければならないが，$h \in C_0^2$ ならすでに示した．そこで（前述のように）h を $h_n \in C_0^2$ により L^p 内で近似する．このとき $\|Th - Th_n\|_p \leq C_p \|h - h_n\|_p$ より，右辺は求める積分に収束する．一方，補題 1（の証明）より

$$|P(h - h_n)(z)| \leq K_p \|h - h_n\|_p |z|^{1-2/p}$$

が成り立ち，ϕ はコンパクトな台を持つから左辺も求める積分に収束する． □

B. 写像問題の解

$\|\mu\|_\infty \leq k < 1$ のとき，方程式

$$f_{\bar{z}} = \mu f_z \tag{1}$$

の解を求めたい．まずは μ がコンパクトな台を持ち，したがって解 f が ∞ で解析的となる場合を考えよう．

まず，$p > 2$ として $kC_p < 1$ が成り立つものを選び固定する．

定理 1 μ がコンパクトな台を持つとき，方程式 (1) の解 f で $f(0) = 0$ か

つ $f_z - 1 \in L^p$ となるものが一意的に存在する．

証明 まず一意性を示そう．そうすれば存在証明も見えてくる．

f をそのような解とすると，$f_{\bar{z}} = \mu f_z$ は L^p に属するから $P(f_{\bar{z}})$ が定義できる．さらに

$$F = f - P(f_{\bar{z}})$$

は超関数の意味で $F_{\bar{z}} = 0$ を満たす．したがって（Weyl の補題より）F は解析的である[5]．さらに $f_z - 1 \in L^p$ より $F' - 1 \in L^p$ だが，これは $F' = 1$ のとき，すなわち $F = z + a$ のときのみ可能である．さらに原点での正規化条件から $a = 0$ で，

(2) $$f = P(f_{\bar{z}}) + z$$

となる．特に

(3) $$f_z = T(\mu f_z) + 1$$

という関係式を得る．

さて，g をもう一つの解とすると上式より

$$f_z - g_z = T[\mu(f_z - g_z)]$$

であるが，Calderón–Zygmund の不等式から

$$\|f_z - g_z\|_p \leq k C_p \|f_z - g_z\|_p$$

でなければならない．しかし $kC_p < 1$ と仮定したから $f_z = g_z$ がほとんどすべての点で成り立つ．ベルトラミ方程式から，ほとんどすべての点で $f_{\bar{z}} = g_{\bar{z}}$ でもあるので，$f - g$ も $\overline{f} - \overline{g}$ も解析的であるから，$f - g$ は定数でなければならない．したがって正規化条件から $f = g$ を得る．

次に存在証明のために，方程式

---

[5] ［訳註］F が超関数の意味で $F_{\bar{z}} = 0$ なら（たとえば軟化子を使えば）F は通常の正則関数の局所一様極限であることが分かり，特に正則である．これが Weyl の補題である．さらに以下の補題 2 を参照せよ．

(4) $$h = T(\mu h) + T\mu$$

を考えよう[6]．L^p 上の線形作用素 $h \to T(\mu h)$ は，ノルムが kC_p (< 1) 以下だから，級数

(5) $$h = T\mu + T\mu T\mu + T\mu T\mu T\mu + \cdots$$

は L^p 内で収束し，明らかに方程式 (4) の解である．

さて，h が (5) で定義されるとき

(6) $$f = P[\mu(h+1)] + z$$

がベルトラミ方程式の求める解である．実際，まず $\mu(h+1) \in L^p$ である．（ここで μ の台がコンパクトであることを使った．）したがって $P[\mu(h+1)]$ が定義でき，連続である．次に

(7) $$\begin{aligned} f_{\bar{z}} &= \mu(h+1) \\ f_z &= T[\mu(h+1)] + 1 = h + 1 \end{aligned}$$

だから $f_z - 1 = h \in L^p$ も分かる． $\square$

この解 f は方程式 (1) の **正規解** と呼ばれる．

また，以上の議論から得られる評価式もまとめておこう．まず (4) からは

$$\|h\|_p \leq kC_p \|h\|_p + C_p \|\mu\|_p$$

が得られ，まとめると

(8) $$\|h\|_p \leq \frac{C_p}{1 - kC_p} \|\mu\|_p$$

を得る．さらに (7) から

(9) $$\|f_{\bar{z}}\|_p \leq \frac{1}{1 - kC_p} \|\mu\|_p$$

も分かる[7]．したがって (2) と Hölder 条件（A 節 (4) 式）から

---

[6] ［訳註］(3) 式で f_z に $h + 1$ を代入した式である．
[7] ［訳註］$\|f_{\bar{z}}\|_p \leq k\|h\|_p + \|\mu\|_p$ である．

(10) $$|f(\zeta_1) - f(\zeta_2)| \leq \frac{K_p}{1 - kC_p}\|\mu\|_p |\zeta_1 - \zeta_2|^{1-2/p} + |\zeta_1 - \zeta_2|$$

が得られる．

さて，ν を $\|\nu\|_\infty \leq k$ を満たす同様のベルトラミ係数とする．対応する正規解を g とすると

$$f_z - g_z = T(\mu f_z - \nu g_z)$$

だから

$$\|f_z - g_z\|_p \leq \|T[\nu(f_z - g_z)]\|_p + \|T[(\mu - \nu)f_z]\|_p$$
$$\leq kC_p\|f_z - g_z\|_p + C_p\|(\mu - \nu)f_z\|_p$$

となる．

特に（たとえば収束列を考えて）$\nu \to \mu$ がほとんどすべての点で成り立つとし，台が一様に有界だとすると，次の主張が成り立つ[8]．

補題 1 $\|f_z - g_z\|_p \to 0$ かつコンパクト一様に $g \to f$ である[9]．

より重要な性質として，μ が微分可能なら f もそうであることを示したい．そのためにまず，Weyl の補題の次のような一般化が必要である．

補題 2 p と q は連続で，局所可積分な超関数の意味での偏導関数を持つとする．さらに $p_{\bar{z}} = q_z$ なら，$f_z = p$, $f_{\bar{z}} = q$ を満たす関数 $f \in C^1$ が存在する．

証明 任意の長方形 γ に対し

$$\int_\gamma p\,dz + q\,d\bar{z} = 0$$

が成り立つことを示せばよい．そのために平滑化を施す．すなわち，$\epsilon > 0$ に対し $|z| \leq \epsilon$ では $\delta_\epsilon(z) = 1/\pi\epsilon^2$ と定義し $|z| > \epsilon$ では $\delta_\epsilon(z) = 0$ とすると，畳み込み $p * \delta_\epsilon * \delta_{\epsilon'}$ と $q * \delta_\epsilon * \delta_{\epsilon'}$ は C^2-級で[10]

---

[8] ［訳註］付録の補足説明 (V-4) を見よ．
[9] ［原註］$f - g$ は ∞ で解析的だから，実は全平面上一様収束する．
[10] ［訳註］付録の補足説明 (V-5) を見よ．

$$(p * \delta_\epsilon * \delta_{\epsilon'})_{\bar{z}} = (q * \delta_\epsilon * \delta_{\epsilon'})_z$$

が成り立つ．したがって

$$\int_\gamma (p * \delta_\epsilon * \delta_{\epsilon'}) \, dz + (q * \delta_\epsilon * \delta_{\epsilon'}) \, d\bar{z} = 0$$

となる．この式で ϵ と ϵ' を 0 に収束させれば主張を得る． □

この補題を使えば次の補題が得られる．

補題3 （連続な）μ が超関数の意味での偏導関数

$$\mu_z \in L^p \quad (p > 2)$$

を持つとき，正規解 f は C^1-級で同相写像である．

証明 まず λ を

(11)
$$\begin{aligned} f_z &= \lambda \\ f_{\bar{z}} &= \mu\lambda \end{aligned}$$

が解を持つように定めたい．そのためには前の補題から

(12)
$$\lambda_{\bar{z}} = (\mu\lambda)_z = \lambda_z \mu + \lambda \mu_z$$

あるいは，書き換えて

$$(\log \lambda)_{\bar{z}} = \mu(\log \lambda)_z + \mu_z$$

であればよい．

一方，（定理1の証明と同様にして）q についての方程式

$$q = T(\mu q) + T\mu_z$$

は L^p 内に解を持つことが示せるので

$$\sigma = P(\mu q + \mu_z) + 定数$$

と定義する．ただし $z \to \infty$ のとき $\sigma \to 0$ となるように定数を選ぶ．この

σ は連続で

$$\sigma_{\bar{z}} = \mu q + \mu_z$$

$$\sigma_z = T(\mu q + \mu_z) = q$$

であるから $\lambda = e^\sigma$ は方程式 (12) を満たす．したがって方程式 (11) は C^1-級の解 f を持つことが分かった．さらに $f(0) = 0$ と正規化でき，$z \to \infty$ のとき $\sigma \to 0$ より $\lambda \to 1$，したがって $f_z \to 1$ が成り立つから，f は正規解である．

最後に，ヤコビアン $|f_z|^2 - |f_{\bar{z}}|^2 = (1 - |\mu|^2)e^{2\sigma}$ は真に正だから，写像 f は局所的に単射で，さらに $z \to \infty$ のとき $f(z) \to \infty$ だから同相写像である． □

注意 超関数の意味で $(e^\sigma)_z = e^\sigma \sigma_z$ なのかという疑問を持つかもしれない．これは以下のように正当化できる．まず（たとえば軟化子を用いて），滑らかな関数 σ_n で，すべての点で $\sigma_n \to \sigma$ かつ（局所）L^p ノルムで $(\sigma_n)_z \to \sigma_z$ となるように σ を近似する．このとき，任意のテスト関数 ϕ に対し次式が成り立つ[11]．

$$\iint e^\sigma \phi_z = \lim \iint e^{\sigma_n} \phi_z$$
$$= \lim \left(-\iint \phi e^{\sigma_n} (\sigma_n)_z \right) = -\iint \phi e^\sigma \sigma_z.$$

補題 3 の仮定の下で，逆関数 f^{-1} もまた K-qc で，その複素歪曲係数 $\bar{\mu}^1 = \mu_{f^{-1}}$ は $|\bar{\mu}^1 \circ f| = |\mu|$ を満たす[12]．

そこで $\|\bar{\mu}^1\|_p$ を評価すると，

$$\iint |\bar{\mu}^1|^p \, d\xi \, d\eta = \iint |\mu|^p (|f_z|^2 - |f_{\bar{z}}|^2) \, dx \, dy$$
$$\leq \iint |\mu|^p |f_z|^2 \, dx \, dy = \iint |\mu|^{p-2} |f_{\bar{z}}|^2 \, dx \, dy$$

---

[11] ［訳註］ここで σ は連続であったことに注意せよ．
[12] ［訳註］正規解でもある．

$$\leq \left(\iint |\mu|^p \, dx \, dy \right)^{\frac{p-2}{p}} \left(\iint |f_{\bar{z}}|^p \, dx \, dy \right)^{\frac{2}{p}}$$

だから

$$\|\overline{\mu}^1\|_p \leq (1 - kC_p)^{-2/p} \|\mu\|_p$$

が得られる.

したがって，評価式 (10) を逆関数に適用すると

(13)
$$\begin{aligned}|\zeta_1 - \zeta_2| \leq &K_p(1 - kC_p)^{-1-(2/p)} \|\mu\|_p |f(\zeta_1) - f(\zeta_2)|^{1-2/p} \\ &+ |f(\zeta_1) - f(\zeta_2)|\end{aligned}$$

が得られる.

これで次の定理は容易に示せる.

定理 2 コンパクトな台を持ち $\|\mu\|_\infty \leq k < 1$ を満たす任意の μ に対し，ベルトラミ方程式の正規解は $\mu_f = \mu$ を満たす qc 写像である.

証明 まず，ほとんどすべての点で $\mu_n \to \mu$ で $|\mu_n| \leq k$ かつ，ある円板の外で $\mu_n = 0$ であるような関数 $\mu_n \in C^1$ の列を作る. μ_n に対する正規解 f_n は，f, μ をそれぞれ f_n, μ_n で置き換えた (13) 式を満たす. さらに $f_n \to f$ かつ $\|\mu_n\|_p \to \|\mu\|_p$ だから，f も (13) 式を満たす. 特に単射である.

一方，第 II 章の結果から，K-qc 写像 f_n の一様極限である f もまた K-qc で，特に局所可積分な偏導関数を持つが，それらは超関数の意味での偏導関数でもあった. さらにほとんどすべての点で $f_z \neq 0$ だったから $\mu_f = f_{\bar{z}}/f_z$ もほとんどすべての点で定義され μ と一致する. □

(なお，f が零集合を零集合にうつすという事実も以前より簡単に証明できる. 実際，e を有限な面積測度を持つ開集合とすると

$$\begin{aligned}\operatorname{mes} f_n(e) &= \iint_e (|(f_n)_z|^2 - |(f_n)_{\bar{z}}|^2) \, dx \, dy \\ &\leq \iint_e |(f_n)_z|^2 \, dx \, dy\end{aligned}$$

$$\leq \left(\iint_e |(f_n)_z|^p \, dx \, dy \right)^{2/p} (\text{mes } e)^{1-2/p}$$

が成り立ち,かつ $\|(f_n)_z\|_p$ は有界だから f もまた面積測度に関して絶対連続であることが分かる.)

さて,μ がコンパクトな台を持つという制限を除こう.

定理 3 $\|\mu\|_\infty < 1$ を満たす任意の可測関数 μ に対し,$0, 1, \infty$ を固定するように正規化され μ を複素歪曲係数に持つ qc 写像 f^μ が一意的に存在する.

証明 (1) まず μ がコンパクトな台を持つときは,単に正規解 f を正規化すればよい.

(2) 次に 0 の近傍で $\mu = 0$ のときは

$$\tilde{\mu}(z) = \mu\left(\frac{1}{z}\right) \frac{z^2}{\bar{z}^2}$$

と定義すると,$\tilde{\mu}$ はコンパクトな台を持つ.さらに

$$f^\mu(z) = \frac{1}{f^{\tilde{\mu}}(1/z)}$$

が成り立つ.実際,このとき

$$f^\mu_z(z) = \frac{1}{f^{\tilde{\mu}}(1/z)^2} \frac{1}{z^2} f^{\tilde{\mu}}_z(1/z)$$

$$f^\mu_{\bar{z}}(z) = \frac{1}{f^{\tilde{\mu}}(1/z)^2} \frac{1}{\bar{z}^2} f^{\tilde{\mu}}_{\bar{z}}(1/z)$$

である.

注意 $f^{\tilde{\mu}}$ がほとんどすべての点で全微分可能だから,上記の計算は正しい.

(3) 一般の場合には $\mu = \mu_1 + \mu_2$ と分けて,∞ の近くでは $\mu_1 = 0$ かつ 0 の近くでは $\mu_2 = 0$ とする.このとき

$$f^\lambda \circ f^{\mu_2} = f^\mu \quad \text{つまり} \quad f^\lambda = f^\mu \circ (f^{\mu_2})^{-1}$$

となる λ を求める必要があるが,これは第 I 章で示したように

$$\lambda = \left[\left(\frac{\mu - \mu_2}{1 - \mu\overline{\mu_2}}\right)\left(\frac{f_z^{\mu_2}}{\overline{f_{\bar z}^{\mu_2}}}\right)\right] \circ (f^{\mu_2})^{-1}$$

で与えられ，特にコンパクトな台を持つ．したがって，一般の場合も証明できた． □

定理 4 （上半平面上の μ で $\|\mu\|_\infty < 1$ を満たすものに対し）上半平面の μ-等角[13]自己写像で，$0, 1, \infty$ を固定するものが（一意的に）存在する．

証明 μ を（下半平面で）$\hat\mu(z) = \overline{\mu(\bar z)}$ と定義して，全平面に拡張する．解の一意性から $f^{\hat\mu}(\bar z) = \overline{f^{\hat\mu}(z)}$ であることが示せるから，実軸はそれ自身にうつされ，上半平面もそれ自身にうつされる． □

系 任意の qc 写像は，最大歪曲度がいくらでも 1 に近い有限個の qc 写像の合成の形に書ける．

証明 全平面の qc 写像 $f = f^\mu$ が与えられたとしてよい．任意の z に対し，0 と $\mu(z)$ を結ぶ双曲線分を n 等分し，それらの分点を $\mu_k(z)$ とする ($k = 1, \ldots, n+1$)．

$$f_k = f^{\mu_k}$$

とすると

$$\mu_{(f_{k+1} \circ f_k^{-1})} = \left(\frac{\mu_{k+1} - \mu_k}{1 - \mu_{k+1}\overline{\mu_k}} \frac{(f_k)_z}{\overline{(f_k)_{\bar z}}}\right) \circ f_k^{-1}$$

である．

ここで f^μ が K-qc なら $g_k = f_{k+1} \circ f_k^{-1}$ は明らかに $K^{1/n}$-qc で，かつ

$$f = g_n \circ \cdots \circ g_2 \circ g_1$$

である． □

---

[13] [訳註] μ-等角写像とは，複素歪曲係数が μ である qc 写像である．

92　第 V 章　写像定理

C. パラメータへの依存性

以下では f^μ と書けば，常に $0, 1, \infty$ を固定する（μ に関する）ベルトラミ方程式の解であるとする．まず，次の補題が成り立つ．

補題　$k = \|\mu\|_\infty \to 0$ のとき，任意の $p > 2$ に対し $\|f^\mu_z - 1\|_{1,p} \to 0$ が成り立つ．

ここで $\|\ \|_{R,p}$ は $\{|z| \leq R\}$ 上の p-ノルムを表す．

証明　まず μ がコンパクトな台を持つとし，F^μ を定理 1 で存在を示した正規解とする．このとき $h = F^\mu_z - 1$ は方程式

$$h = T(\mu h) + T\mu$$

の解として得られ，特に $\|h\|_p \leq C\|\mu\|_p \to 0$ が成り立った[14]．ここで，p は任意に取れる．実際，k が十分小さくなれば $kC_p < 1$ が成り立つ．

一方，$f^\mu = F^\mu/F^\mu(1)$ で $F^\mu(1) \to 1$ だから，μ がコンパクトな台を持つときは主張が得られた．

さらに，μ がコンパクトな台を持つときは $\check{f}(z) = 1/f\left(\frac{1}{z}\right)$ に対しても $\|\check{f}(z)_z - 1\|_{1,p} \to 0$ が成り立つ．実際，この場合も正規解 F^μ に対して対応する主張を示せば十分であるが

$$\iint_{|z|<1} |\check{F}_z - 1|^p \, dx \, dy = \iint_{|z|>1} \left|\frac{z^2 F_z(z)}{F(z)^2} - 1\right|^p \frac{dx \, dy}{|z|^4}$$

である．（右辺の積分で）$\{1 < |z| < R\}$ の部分は

$$\iint_{1<|z|<R} \left|\frac{z^2(F_z(z) - 1)}{F(z)^2} + \frac{z^2}{F(z)^2} - 1\right|^p \frac{dx\,dy}{|z|^4}$$

と書けるので（B 節補題 1 より），$\|F_z - 1\|_{R,p} \to 0$ だったから 0 に収束する．$\{|z| > R\}$ の部分では，F が解析的であるとしてよく，一様に $F(z) \to z$ であるからやはり 0 に収束する．

---

[14]　[訳註] たとえば $C = C_p/(1 - kC_p)$ とできる．

最後に一般の場合は，単位円板内で $\mu_h = \mu_f$ かつそれ以外では解析的であるような h を用いて $f = \check{g} \circ h$ と表せる．このとき μ_h も μ_g も絶対値が k 以下でコンパクトな台を持つ．さらに

$$f_z = (\check{g}_z \circ h) h_z + (\check{g}_{\bar{z}} \circ h) \overline{h_z} = (\check{g}_z \circ h) h_z$$

だから

$$\|f_z - 1\|_{1,p} \leq \|[(\check{g}_z - 1) \circ h] h_z\|_{1,p} + \|h_z - 1\|_{1,p}$$

が成り立つ．右辺の第一項は

$$\iint_{|z|<1} |(\check{g}_z - 1) \circ h|^p |h_z|^p \, dx \, dy$$
$$\leq \frac{1}{1-k^2} \iint_{h(\{|z|<1\})} |\check{g}_z - 1|^p |h_z \circ h^{-1}|^{p-2} \, dx \, dy$$
$$\leq \frac{1}{1-k^2} \left(\iint_{h(\{|z|<1\})} |\check{g}_z - 1|^{2p} \, dx \, dy \cdot \iint_{|z|<1} |h_z|^{2p-2} \, dx \, dy \right)^{1/2}$$
$$\to 0$$

である[15]．なお，$h(\{|z|<1\})$ 上の積分は単位円板から少しはみ出す領域であるが，特に問題はない．これで補題の証明が終わった． □

さて，μ が実または複素パラメータ t に依存していて

$$\mu(z,t) = t\nu(z) + t\epsilon(z,t)$$

と表せるとする．ただし ν と ϵ は L^∞ に属し，$t \to 0$ のとき $\|\epsilon(z,t)\|_\infty \to 0$ とする．このとき，$f^\mu = f(z,t)$ に対して $t=0$ での t-微分係数が存在することを示そう．

まず $|\zeta| < 1$ に対して

---

[15] ［訳註］実際
$$\iint_{h(\{|z|<1\})} |h_z \circ h^{-1}|^{2p-4} \, dx \, dy = \iint_{|z|<1} |h_z|^{2p-4} (|h_z|^2 - |h_{\bar{z}}|^2) \, dx \, dy$$
$$\leq \iint_{|z|<1} |h_z|^{2p-2} \, dx \, dy$$

である．

$$f(\zeta) = \frac{1}{2\pi i} \int_{|z|=1} \frac{f(z)\,dz}{z-\zeta} - \frac{1}{\pi} \iint_{|z|<1} \frac{f_{\bar{z}}(z)}{z-\zeta}\,dx\,dy$$

と書ける（これを Pompeiu の公式ともいう[16]）．線積分の項で z を $1/z$ に変数変換すると

$$\frac{1}{2\pi i} \int_{|z|=1} \frac{f(1/z)\,dz}{z(1-z\zeta)} = A + B\zeta + \frac{\zeta^2}{2\pi i} \int_{|z|=1} \frac{\check{f}(z)^{-1} z}{1-z\zeta}\,dz$$

$$= A + B\zeta - \frac{\zeta^2}{\pi} \iint_{|z|<1} \frac{\check{f}_{\bar{z}}(z) z\,dx\,dy}{\check{f}(z)^2 (1-z\zeta)}$$

となる．

ここで t が十分小さくて $K<2$ であれば，最後の積分の収束性は保証される．実際，$\check{f}$ の逆関数も指数 $1/K$ で Hölder 条件を満たす．したがって $|z|$ が十分小さければ $|\check{f}(z)| > m|z|^K$ の形の評価が成り立つので

$$\int_{|z|=\delta} \frac{|\check{f}(z)|^{-1}|z||dz|}{|1-z\zeta|} = O(\delta^{2-K}) \to 0$$

となる[17]．

また，定数は正規化条件 $f(0)=0$, $f(1)=1$ から決定できる．以上で

$$f(\zeta) = \zeta - \frac{1}{\pi} \iint_{|z|<1} f_{\bar{z}}(z) \left(\frac{1}{z-\zeta} - \frac{\zeta}{z-1} + \frac{\zeta-1}{z} \right) dx\,dy$$
$$- \frac{1}{\pi} \iint_{|z|<1} \frac{\check{f}_{\bar{z}}(z)}{\check{f}(z)^2} \left(\frac{\zeta^2 z}{1-z\zeta} - \frac{\zeta z}{1-z} \right) dx\,dy$$

という表示式を得た．

右辺の最初の積分では

$$f_{\bar{z}} = \mu f_z = \mu(f_z - 1) + \mu$$

を代入し，二つめの積分では $\tilde{\mu}(z) = (z/\bar{z})^2 \mu(1/z)$ を用いた同様の変形式を代入すると，

$$\|f_z - 1\|_{1,p} \to 0, \quad \frac{\mu}{t} \to \nu$$

---

[16] ［訳註］$f \in C^1$ ならストークスの公式から直ちに分かる．一般には近似すればよい．
[17] ［訳註］この評価は t について一様に成り立つ．付録の補足説明 (V-6) を見よ．

だから

$$\dot{f}(\zeta) = \lim_{t \to 0} \frac{f(\zeta) - \zeta}{t}$$
$$= -\frac{1}{\pi} \iint_{|z|<1} \nu(z) \left(\frac{1}{z-\zeta} - \frac{\zeta}{z-1} + \frac{\zeta-1}{z} \right) dx\, dy$$
$$- \frac{1}{\pi} \iint_{|z|<1} \nu(1/z) \cdot \frac{1}{\bar{z}^2} \left(\frac{\zeta^2 z}{1-z\zeta} - \frac{\zeta z}{1-z} \right) dx\, dy$$

が成り立つ. 収束が $\{|\zeta| < 1\}$ 上でコンパクト一様であることは明らかである.

最後に,この二つめの積分で変数を $1/z$ に変換すると,被積分関数は最初の積分のものと同じになる.したがって,

$$\dot{f}(\zeta) = -\frac{1}{\pi} \iint_{\mathbb{C}} \nu(z) R(z, \zeta)\, dx\, dy$$

が成り立つ. ただし

$$R(z,\zeta) = \frac{1}{z-\zeta} - \frac{\zeta}{z-1} + \frac{\zeta-1}{z} = \frac{\zeta(\zeta-1)}{z(z-1)(z-\zeta)}$$

である. さらに $f(rz)$ を考えれば,この公式が任意の ζ に対して成り立ち,収束がコンパクト一様であることも簡単に分かる.

最後に,任意の t_0 に対し前述と同様の意味で

$$\mu(t) = \mu(t_0) + \nu(t_0)(t - t_0) + o(t - t_0)$$

が成り立つとする. このとき

$$f^{\mu(t)} = f^\lambda \circ f^{\mu(t_0)}$$

とすると

$$\lambda = \lambda(t) = \left(\frac{\mu(t) - \mu(t_0)}{1 - \mu(t)\overline{\mu(t_0)}} \cdot \frac{f^{\mu_0}_z}{\overline{f^{\mu_0}_{\bar{z}}}} \right) \circ (f^{\mu_0})^{-1}$$

である. 明らかに

$$\dot{\lambda}(t_0) = \left(\frac{\nu(t_0)}{1 - |\mu_0|^2} \cdot \frac{f^{\mu_0}_z}{\overline{f^{\mu_0}_{\bar{z}}}} \right) \circ (f^{\mu_0})^{-1}$$

として, $\lambda(t) = (t - t_0)\dot{\lambda}(t_0) + o(t - t_0)$ と表せるので

96 第 V 章 写像定理

$$\frac{\partial}{\partial t}f(z,t) = \dot{f} \circ f^{\mu_0}$$
$$= -\frac{1}{\pi}\iint \left(\frac{\nu(t_0)}{1-|\mu_0|^2}\frac{f_z^{\mu_0}}{\overline{f_{\bar{z}}^{\mu_0}}}\right) \circ (f^{\mu_0})^{-1} R(z, f^{\mu_0}(\zeta))\, dx\, dy$$
$$= -\frac{1}{\pi}\iint \nu(t_0,z)(f_z^{\mu_0})^2 R(f^{\mu_0}(z), f^{\mu_0}(\zeta))\, dx\, dy$$

という一般の場合の摂動公式を得る．

以上の議論から，次の定理が結論できる[18]．

定理 5

$$\mu(t+s)(z) = \mu(t)(z) + s\nu(t)(z) + s\epsilon(s,t)(z)$$

とする．ただし

$$\nu(t), \mu(t), \epsilon(s,t) \in L^\infty, \quad \|\mu(t)\|_\infty < 1$$

かつ $s \to 0$ のとき $\|\epsilon(s,t)\|_\infty \to 0$ であるとする．

このとき，コンパクト一様に

$$f^{\mu(t+s)}(\zeta) = f^{\mu(t)}(\zeta) + s\dot{f}(\zeta,t) + o(s)$$

が成り立つ．ただし

$$\dot{f}(\zeta,t) = -\frac{1}{\pi}\iint \nu(t)(z) R(f^{\mu(t)}(z), f^{\mu(t)}(\zeta))(f_z^{\mu(t)}(z))^2\, dx\, dy$$

である．

なお，$\nu(t)$ が（L^∞ 内で）t に連続に依存しているときは，さらに $\frac{\partial}{\partial t}f(z,t)$ が t の連続関数であることも示せる．これは $t=0$ で示せば十分だから（$t \to 0$ のとき）

---

[18] ［訳註］ここから表記が若干変わるが，前段までの表記との対応関係は明らかであろう．

$$\iint \nu(t,z)(f_z^{\mu(t)}(z))^2 R(f^{\mu(t)}(z), f^{\mu(t)}(\zeta))\, dx\, dy$$
$$\to \iint \nu(z) R(z,\zeta)\, dx\, dy$$

を示そう．やはり前述のように「対合」$z \mapsto 1/z$ を用いて，平面上の積分を $|z| \le 1$ 上の二つの積分の和に書き直せば両方とも同じように扱えるから，そのうち，最初の積分に対応する項のみを考える．

ここで重要なのは，広義積分が一様に収束すること，すなわち一様に

$$\iint_{\substack{|z-\zeta|<\delta \\ |z|<1}} |f_z^{\mu(t)}(z)|^2 |R(f^{\mu(t)}(z), f^{\mu(t)}(\zeta))|\, dx\, dy < \epsilon$$

が成り立つことである．実際，この積分は

$$\iint_{f^{\mu(t)}(\{|z-\zeta|<\delta\})} |R(z, f^{\mu(t)}(\zeta))|\, dx\, dy$$

と比較可能で，かつ積分域をたとえば中心が $f^{\mu(t)}(\zeta)$ で半径が 2δ 未満の円板で置き換えられることから，積分の値が一様に $O(\delta)$ であることが分かる．

(δ を固定したとき) 上記の円板の補集合上では，差

$$\iint |f_z^{\mu(t)}(z)|^2 |R(f^{\mu(t)}(z), f^{\mu(t)}(\zeta))\nu(t,z) - R(z,\zeta)\nu(z)|\, dx\, dy$$

が 0 に収束することは自明である．また

$$\iint |f_z^{\mu(t)}(z)^2 - 1||R(z,\zeta)\nu(z)|\, dx\, dy \to 0$$

であることも，$\|f_z^{\mu(t)} - 1\|_p \to 0$ でもう一方の因子が有界なことから明らかである． □

D. Calderón–Zygmund の不等式

この節では，$h \in C_0^2$ に対してはすでに定義された作用素

$$Th(\zeta) = \lim_{\epsilon \to 0} -\frac{1}{\pi} \iint_{|z-\zeta|>\epsilon} \frac{h(z)}{(z-\zeta)^2}\, dx\, dy$$

98　第 V 章　写像定理

が L^p $(p \geq 2)$ まで拡張でき

(1) $$\|Th\|_p \leq C_p \|h\|_p$$

を満たす C_p が存在することを示そう．

まず Riesz による 1 次元版の主張の証明から始める．証明は Zygmund, *Trigonometric Series*, 第一版 (Warsaw 1935) から採った．

補題　実直線上の関数 $f \in C_0^1$ に対し
$$Hf(\xi) = \text{pr.v.} \frac{1}{\pi} \int_{-\infty}^{\infty} \frac{f(x)}{x - \xi} dx$$
と（主値積分で）定義すると（$p \geq 2$ に対し）$\|Hf\|_p \leq A_p \|f\|_p$ が成り立つような A_p が存在し，かつ $A_2 = 1$ と取れる．

証明

$$F(\zeta) = u + iv = \frac{1}{\pi} \int_{-\infty}^{\infty} \frac{f(x)}{x - \zeta} dx$$
$$\zeta = \xi + i\eta, \quad \eta > 0$$

と定義する．虚部 v はポアソン積分で，したがって
$$v(\xi) = f(\xi)$$
であることが直ちに分かる．実部は $\eta \to 0$ のとき
$$\begin{aligned}
u(\xi, \eta) &= \frac{1}{\pi} \int_{-\infty}^{\infty} \frac{x - \xi}{(x - \xi)^2 + \eta^2} f(x) \, dx \\
&= \frac{1}{\pi} \int_0^{\infty} \frac{f(\xi + x) - f(\xi - x)}{x} \frac{x^2}{x^2 + \eta^2} dx \\
&\to Hf(\xi)
\end{aligned}$$
である．一方
$$\begin{aligned}
\Delta |u|^p &= p(p-1)|u|^{p-2}(u_x^2 + u_y^2), \\
\Delta |v|^p &= p(p-1)|v|^{p-2}(u_x^2 + u_y^2), \\
\Delta |F|^p &= p^2 |F|^{p-2}(u_x^2 + u_y^2)
\end{aligned}$$

だから

$$\Delta\left(|F|^p - \frac{p}{p-1}|u|^p\right) = p^2(|F|^{p-2} - |u|^{p-2})(u_x^2 + u_y^2)$$
$$\geq 0$$

である．

したがって，ストークスの公式を図のような大きな半円に適用すれば，

$$\frac{\partial}{\partial \eta}\int_{-\infty}^{\infty}\left(|F(\zeta)|^p - \frac{p}{p-1}|u(\zeta)|^p\right)d\xi \leq 0$$

が得られる[19]．この積分が $\eta \to \infty$ のとき 0 に収束することも容易に示せるから，$\eta > 0$ を固定するとき

$$\int_{-\infty}^{\infty}|F(x+i\eta)|^p\,dx \geq \frac{p}{p-1}\int_{-\infty}^{\infty}|u(x+i\eta)|^p\,dx$$

が得られる．一方，

$$\left(\int|F|^p\,d\xi\right)^{2/p} = \|u^2 + v^2\|_{p/2} \leq \|u^2\|_{p/2} + \|v^2\|_{p/2}$$

だから

$$\left(\frac{p}{p-1}\right)^{2/p}\|u^2\|_{p/2} \leq \|u^2\|_{p/2} + \|v^2\|_{p/2}$$

すなわち

---

[19] ［訳註］付録の補足説明 (V-7) を見よ．

$$\|u^2\|_{p/2} \le \frac{1}{\left(\left(\frac{p}{p-1}\right)^{2/p}-1\right)}\|v^2\|_{p/2}$$

あるいは

$$\int |u|^p\, d\xi \le \frac{1}{\left(\left(\frac{p}{p-1}\right)^{2/p}-1\right)^{p/2}}\int |v|^p\, d\xi$$

が成り立つ．この式で $\eta \to 0$ とすれば求める不等式が得られる． □

さて，Calderón–Zygmund の不等式 (1) の証明を続けるが，ここからは Vekua, *Generalized Analytic Functions* (Pergamon Press, 1962) の手法を使う．

まず作用素

$$T^*f(\zeta) = \frac{1}{2\pi}\iint f(z+\zeta)\frac{dx\,dy}{z|z|} \quad (f \in C_0^2)$$

を，やはり主値積分の値により定義する．$z = re^{i\theta}$ とすると

$$T^*f(\zeta) = \frac{1}{2}\int_0^\pi \left(\frac{1}{\pi}\int_0^\infty \frac{f(\zeta+re^{i\theta})-f(\zeta-re^{i\theta})}{r}\,dr\right)e^{-i\theta}\,d\theta$$

とも書ける．したがって

$$\|T^*f\|_p \le \frac{\pi}{2}\max_\theta \left\|\frac{1}{\pi}\int_0^\infty \frac{f(\zeta+re^{i\theta})-f(\zeta-re^{i\theta})}{r}\,dr\right\|_p$$

が成り立つ．右辺のノルムは ζ を $\zeta e^{i\theta}$ に変換しても不変だが，積分は $f_\theta(z) = f(ze^{i\theta})$ として $Hf_\theta(\zeta)$ と書ける．ノルムはもちろん 2 次元でのノルムだが，1 次元の場合に得られた評価が当然使え，

$$\|Hf_\theta\|_p^p = \iint |Hf_\theta(u+iv)|^p\,du\,dv$$
$$\le A_p^p \int dv \int |f_\theta(u+iv)|^p\,du = A_p^p\|f_\theta\|_p^p$$

だから $\|T^*f\|_p \le \frac{\pi}{2}A_p\|f\|_p$ という評価を得る．

したがって，T^* は L^p 全体に連続に拡張できるので，$f \in C_0^2$ に対して

$Tf = -T^*T^*f$ を示せば (1) の証明が終わる. T が L^p 全体に拡張できることも同時に分かる.

さて, $\dfrac{\partial}{\partial z}\dfrac{1}{|z|} = -\dfrac{1}{2z|z|}$ だから, $f \in C_0^1$ に対し

(2)
$$\begin{aligned}
T^*f(\zeta) &= -\frac{1}{\pi} \iint f(z+\zeta) \frac{\partial}{\partial z}\frac{1}{|z|}\, dx\, dy \\
&= \frac{1}{\pi} \iint f_z(z+\zeta) \frac{1}{|z|}\, dx\, dy \\
&= \frac{1}{\pi} \frac{\partial}{\partial \zeta} \iint f(z) \frac{dx\, dy}{|z-\zeta|} \\
&= \frac{1}{\pi} \frac{\partial}{\partial \zeta} \iint f(z) \left(\frac{1}{|z-\zeta|} - \frac{1}{|z|}\right) dx\, dy
\end{aligned}$$

と表せる. したがって, 任意のテスト関数 ϕ に対し

$$\iint T^*f(\zeta)\phi(\zeta)\, d\xi\, d\eta$$
$$= -\frac{1}{\pi} \iiiint f(z) \left(\frac{1}{|z-\zeta|} - \frac{1}{|z|}\right) \phi_\zeta(\zeta)\, dx\, dy\, d\xi\, d\eta$$

が成り立つ. 右辺の積分が絶対収束することから, この等式は $f \in L^p$ に対しても成り立つ. (Pf に対する同様の証明を参照せよ.) つまり (2) は超関数の意味で正しい.

さらに上式より

$$\begin{aligned}
T^*&T^*f(w) \\
&= \frac{1}{\pi} \frac{\partial}{\partial w} \iint T^*f(\zeta) \left(\frac{1}{|\zeta-w|} - \frac{1}{|\zeta|}\right) d\xi\, d\eta \\
&= \frac{1}{\pi^2} \frac{\partial}{\partial w} \left[\iint \left(\frac{1}{|\zeta-w|} - \frac{1}{|\zeta|}\right) d\xi\, d\eta \iint \frac{f_z\, dx\, dy}{|z-\zeta|} \right] \\
&= \frac{1}{\pi^2} \frac{\partial}{\partial w} \left[\iint f_z\, dx\, dy \iint \frac{1}{|z-\zeta|} \left(\frac{1}{|\zeta-w|} - \frac{1}{|\zeta|}\right) d\xi\, d\eta \right] \\
&= -\frac{1}{\pi^2} \frac{\partial}{\partial w} \iint f \frac{\partial}{\partial z} \left(\iint \frac{1}{|z-\zeta|}\left(\frac{1}{|\zeta-w|} - \frac{1}{|\zeta|}\right) d\xi\, d\eta \right) dx\, dy
\end{aligned}$$

と表せる. (ここで $z=0$ と $z=w$ での挙動を調べておかなければならないが, 積分の値は対数的にしか増加せず, 小さい円周上の境界積分は 0 に収

束する．）次に，
$$\frac{\partial}{\partial z}\lim_{R\to\infty}\iint_{|\zeta-w|<R}\frac{1}{|z-\zeta|}\left(\frac{1}{|\zeta-w|}-\frac{1}{|\zeta|}\right)d\xi\,d\eta$$
の値を求める必要がある．
$$\frac{\partial}{\partial z}\iint_{|\zeta-w|>R}\frac{1}{|z-\zeta|}\left(\frac{1}{|\zeta-w|}-\frac{1}{|\zeta|}\right)d\xi\,d\eta$$
がコンパクト一様に 0 に収束することが容易に分かるから，微分と極限の順序交換ができ，さらに
$$\lim_{R\to\infty}\left(\frac{\partial}{\partial z}\iint_{|\zeta-w|<R}\frac{1}{|z-\zeta|}\frac{1}{|\zeta-w|}d\xi\,d\eta-\frac{\partial}{\partial z}\iint_{|\zeta|<R}\frac{d\xi\,d\eta}{|\zeta||z-\zeta|}\right)$$
と分解することもできる．実際，元の表示との差は二つの細長い部分上の積分で，0 に一様収束する．

変数変換により，最初の積分は
$$\frac{\partial}{\partial z}\iint_{|\zeta|<R/|z-w|}\frac{d\xi\,d\eta}{|\zeta||1-\zeta|}$$
$$=\frac{\partial}{\partial z}\int_0^{R/|z-w|}\int_0^{2\pi}\frac{dr\,d\theta}{|1-re^{i\theta}|}$$
$$=-\frac{1}{2}\frac{R}{(z-w)|z-w|}\int_0^{2\pi}\frac{d\theta}{\left|1-\frac{Re^{i\theta}}{|z-w|}\right|}$$
と変形でき，明らかに極限値は $-\frac{\pi}{z-w}$ である．同様に第 2 の積分は $-\pi/z$ が極限値である．

以上から
$$T^*T^*f(w)=\frac{\partial}{\partial w}\left[\frac{1}{\pi}\iint f(z)\left(\frac{1}{z-w}-\frac{1}{z}\right)dx\,dy\right]$$
$$=-\frac{\partial}{\partial w}Pf(w)=-Tf(w)$$
が得られ，(1) の証明が終わった．

最後に，$p\to 2$ のとき $C_p\to 1$ であることは次の定理から分かる．

定理 6（Riesz–Thorin の凸性定理） 最良の定数 C_p に対し，$\log C_p$ は $1/p$ の凸関数である．

D. Calderón–Zygmund の不等式

証明 $p_1 = \frac{1}{\alpha_1}, p_2 = \frac{1}{\alpha_2} \geq 2$ とし，

$$\|Tf\|_{1/\alpha_1} \leq C_1 \|f\|_{1/\alpha_1}$$

$$\|Tf\|_{1/\alpha_2} \leq C_2 \|f\|_{1/\alpha_2}$$

と仮定する．示すべき主張は $\alpha = (1-t)\alpha_1 + t\alpha_2$ に対し

$$\|Tf\|_{1/\alpha} \leq C_1^{1-t} C_2^t \|f\|_{1/\alpha} \quad (0 \leq t \leq 1)$$

が成り立つことである．

さて，共役な指数とは $\alpha + \alpha' = 1$ を満たす α と α' のことである． α_1' や α_2' も同様である．このとき

$$\|Tf\|_{1/\alpha} = \sup_g \int Tf \cdot g \, dx \, dy$$

が成り立つ．ただし g は $L^{1/\alpha'}$ 内のノルム 1 の関数全体を動く．また任意の L^p 内で，コンパクトな台を持つ単関数（有限個の値しか取らない可測関数）は稠密だから，f や g をそのような関数と仮定しても一般性を失わない．

そこでそのような f, g を固定し

$$I = \int Tf \cdot g \, dx \, dy$$

とする．証明の鍵は，f や g を複素変数 ζ の解析関数と考えることにある．つまり I を解析関数 $\phi(\zeta)$ の取る値と考え，最大値原理を使ってその絶対値を評価するのである．

そこで，任意の複素数 ζ に対し

$$F(\zeta) = |f|^{\frac{\alpha(\zeta)}{\alpha}} \frac{f}{|f|}$$

$$G(\zeta) = |g|^{\frac{\alpha(\zeta)'}{\alpha'}} \frac{g}{|g|}$$

と定義する．ただし $\alpha(\zeta) = (1-\zeta)\alpha_1 + \zeta\alpha_2$ で $\alpha(\zeta)' = 1 - \alpha(\zeta)$ である． ζ はパラメータで，$F(\zeta)$ や $G(\zeta)$ は ζ の関数である．また $f = 0, g = 0$ のときは $F(\zeta) = 0, G(\zeta) = 0$ と考える．なお $F(t) = f, G(t) = g$ である．さらに

$$\phi(\zeta) = \iint TF(\zeta) \cdot G(\zeta)\, dx\, dy$$

とする.

さて $F(\zeta)$ も単関数 $\sum F_i \chi_i$ だから $TF(\zeta) = \sum F_i T\chi_i$ と書ける. 同様に,たとえば $G(\zeta) = \sum G_j \chi_j^*$ と書けるから

$$\phi(\zeta) = \sum F_i G_j \iint T\chi_i \cdot \chi_j^* \, dx\, dy$$

である. したがって $\phi(\zeta)$ は $\sum a_i e^{\lambda_i \zeta}$ の形の指数関数の有限和であることが容易に分かる. ただし λ_i は実数である. 特に $\xi = \mathrm{Re}\,\zeta$ が有界な範囲では $\phi(\zeta)$ は有界である.

そこで $\xi = 0$ と $\xi = 1$ という特別な場合を考えよう. $\xi = 0$ の場合は $\mathrm{Re}\,\alpha(\xi) = \alpha_1$ だから

$$|F(\zeta)| = |f|^{\alpha_1/\alpha}$$
$$|G(\zeta)| = |g|^{\alpha_1'/\alpha'}$$

である. したがって

$$\|F(\zeta)\|_{1/\alpha_1} = (\|f\|_{1/\alpha})^{\alpha_1/\alpha}$$
$$\|G(\zeta)\|_{1/\alpha_1'} = (\|g\|_{1/\alpha'})^{\alpha_1'/\alpha'} = 1$$

が成り立つ. ここで簡単のために $\|f\|_{1/\alpha} = 1$ と仮定する.(これは単なる正規化である.)

このとき

$$\phi(\zeta) \le \|TF(\zeta)\|_{1/\alpha_1} \|G(\zeta)\|_{1/\alpha_1'} \le C_1$$

が得られる. 同様に $\xi = 1$ のとき

$$|\phi(\zeta)| \le C_2$$

も示せるから, 帯領域 $0 \le \xi \le 1$ の境界上で

$$\log|\phi(\zeta)| - (1-\xi)\log C_1 - \xi \log C_2 \le 0$$

が成り立つ. 左辺の関数は(有界)劣調和だから, この不等式は帯領域全体

で成り立ち，特に $\zeta = t$ とすれば主張を得る． □

第VI章 タイヒミュラー空間

A. 準備

S をリーマン面とし，その普遍被覆面 $\tilde{S}$ は上半平面 H と等角同値であるとする．S 上の $\tilde{S}$ の被覆変換は H の自分自身の上への一次分数変換で表され，そのような変換全体のなす群 Ω[1] のなかで（被覆変換全体は）不連続部分群 Γ をなす[2]．さらに

$$S = \Gamma\backslash H \quad (軌道類)$$

と表すことができて，標準射影

$$\pi : H \to \Gamma\backslash H$$

は H から S への正則被覆射影を与える．

（Ω の Γ に）共役な部分群は等角同値なリーマン面に対応する被覆変換群である．実際，$B_0 \in \Omega$ として $\Gamma_0 = B_0 \Gamma B_0^{-1}$ なら，（$B_0 A z = (B_0 A B_0^{-1}) B_0 z$ だから）$z \to B_0 z$ により Γ の軌道類は Γ_0 の軌道類にうつる．したがって，B_0 が $S_0 = \Gamma_0 \backslash H$ から S への全単射等角写像を与える．

逆に同相写像

$$g : S_0 \to S$$

---

[1] ［訳註］$\Omega = \mathrm{PSL}(2, \mathbb{R})$ である．
[2] ［訳註］付録の補足説明 (VI-1) を見よ．

が与えられれば，g は同相写像 $\tilde{g}: \tilde{S}_0 \to \tilde{S}$ に持ち上げられ，明らかに

$$\pi \circ \tilde{g} = g \circ \pi_0$$

が成り立つ．g が等角写像なら $\tilde{g}$ もそうで，$\tilde{g} = B_0 \in \Omega$ かつ $\Gamma_0 = B_0 \Gamma B_0^{-1}$ であることが分かる．

$$\begin{array}{ccc} H & \xrightarrow{\tilde{g}} & H \\ \pi_0 \downarrow & & \downarrow \pi \\ S_0 & \xrightarrow{g} & S \end{array}$$

まとめると，リーマン面の等角同値類は Ω の（楕円的固定点を持たない[3]）不連続部分群の共役類と対応している．

しかし g が等角ではない同相写像のときでも，やはり任意の $A_0 \in \Gamma_0$ に対し

$$A = \tilde{g} \circ A_0 \circ \tilde{g}^{-1} \in \Gamma$$

が成り立つ．実際,

$$\begin{aligned} \pi \circ A &= \pi \circ \tilde{g} \circ A_0 \circ \tilde{g}^{-1} \\ &= g \circ \pi_0 \circ A_0 \circ \tilde{g}^{-1} \\ &= g \circ \pi_0 \circ \tilde{g}^{-1} \\ &= \pi \end{aligned}$$

である．言い換えると $\tilde{g}$ は

$$A_0^\theta = \tilde{g} \circ A_0 \circ \tilde{g}^{-1}$$

により同型 θ を誘導する．この同型は g から一意的にはとても定まらない．$B \in \Gamma$, $B_0 \in \Gamma_0$ として，$\tilde{g}$ は $B \circ \tilde{g} \circ B_0$ と取り換えられるからである．こ

---

[3] ［訳註］今の場合，ねじれなしであること（有限位数の元がないこと）と同値である．

の取り換えで θ は

$$A_0^{\theta'} = B \circ \tilde{g} \circ (B_0 A_0 B_0^{-1}) \circ \tilde{g}^{-1} \circ B^{-1}$$

で定まる θ' に変わる．つまり，θ に Γ_0 と Γ の元による内部自己同型が合成される．このとき θ と θ' は同値な同型であるという．

補題 g_1 と g_2 が同値な同型 θ_1 と θ_2 をそれぞれ誘導するのは，それらがホモトピックであるとき，かつそのときに限る．

証明 まず g_1 と g_2 がホモトピックとすると，t に連続的に依存する写像 $g(t)$ により一方から一方へ連続的に変形できる．このとき，やはり t に連続的に依存する $g(t)$ の持ち上げ $\tilde{g}(t)$ が存在するが，

$$A_0^{\theta(t)} = \tilde{g}(t) \circ A_0 \circ \tilde{g}(t)^{-1}$$

は離散的な値しか取らないので，実は定値写像である．

逆に g_1 と g_2 が同値な同型 θ_1 と θ_2 を誘導すると仮定する．このときは持ち上げ $\tilde{g}_1$ と $\tilde{g}_2$ を取り換えて $\theta_1 = \theta_2$，したがって

$$\tilde{g}_2^{-1} \circ \tilde{g}_1 \circ A_0 = A_0 \circ \tilde{g}_2^{-1} \circ \tilde{g}_1$$

が成り立つと仮定してよい．そこで，$\tilde{g}_1(z)$ と $\tilde{g}_2(z)$ を結ぶ双曲線分を $t : (1-t)$ に内分する点を $\tilde{g}(t,z)$ とする．

このとき $A = A_0^\theta$ として

$$\tilde{g}_1(A_0 z) = A \tilde{g}_1(z)$$
$$\tilde{g}_2(A_0 z) = A \tilde{g}_2(z)$$

だから

$$\tilde{g}(t, A_0 z) = A \tilde{g}(t, z)$$

が成り立つ．したがって $g(t) = \pi \circ \tilde{g}(t) \circ \pi_0^{-1}$ は S_0 から S への写像で，g_1 と g_2 がホモトピックであることが示せた． □

第 VI 章　タイヒミュラー空間

（タイヒミュラー空間）$T(S_0)$ の定義

リーマン面 S と, S_0 から S への向きを保つ qc 写像 f の対 (S,f) 全体を考える. $(S_1, f_1) \sim (S_2, f_2)$ とは[4], $f_2 \circ f_1^{-1}$ が S_1 から S_2 への等角写像にホモトピックであることとし, この同値類を**タイヒミュラー空間** $T(S_0)$ の点とする. また (S_0, I) を $T(S_0)$ の基点と呼ぶ.

このような任意の f は H の自己 qc 写像 $\tilde{f}$ に持ち上がり, Γ_0 の同型 θ を誘導する. そのような二つの同型が同じタイヒミュラー（空間の）点に対応するのは, それらが Ω の元による内部自己同型だけしか違わないとき, かつそのときに限る.

空間 $T(S_0)$ は自然なタイヒミュラー距離を持つ. すなわち (S_1, f_1) と (S_2, f_2) の距離は, $f_2 \circ f_1^{-1}$ にホモトピックな擬等角写像の最大歪曲度の最小値を K として, $\log K$ で与えられる.

最後に $T(S_0)$ と $T(S_1)$ を比較しよう. g を S_0 から S_1 への qc 写像とすると, 写像

$$(S, f) \to (S, f \circ g)$$

は $T(S_1)$ から $T(S_0)$ への写像を誘導する. 実際, $(S, f) \sim (S', f')$ なら $(S, f \circ g) \sim (S', f' \circ g)$ である. さらに, この写像は明らかに等長写像である.

B.　ベルトラミ微分

qc 写像 $f : S_0 \to S$ は

(1) $$\tilde{f} \circ A_0 = A \circ \tilde{f}$$

を満たす H の自己写像 $\tilde{f}$ に持ち上がった. ただし $A = A_0^\theta$ とする. 逆に, 条件式 (1) を満たす $\tilde{f}$ は同上の $f : S_0 \to S$ を誘導する[5].

(1) から

---

[4]　［訳註］「(S_1, f_1) と (S_2, f_2) とが同値である」ことを表す記号である.

[5]　［原註］簡単のため, 以下ではどちらも f と記す.

B. ベルトラミ微分

が成り立つので，複素歪曲度 μ_f は

$$(A' \circ f)f_z = (f_z \circ A_0)A_0'$$
$$(A' \circ f)f_{\bar{z}} = (f_{\bar{z}} \circ A_0)\overline{A_0'}$$

$$\mu_f = (\mu_f \circ A_0)\overline{A_0'}/A_0'$$

すなわち（$\mu = \mu_f$ として）

(2) $$\mu(A_0 z) = \mu(z) A_0'(z) / \overline{A_0'(z)}$$

を満たす．

すべての $A_0 \in \Gamma_0$ に対し (2) を満たすような本質的に有界な可測関数 μ を，Γ_0 に関する**ベルトラミ微分**と呼ぶ．条件 (2) はまた，

$$\mu(z) \frac{d\bar{z}}{dz}$$

が Γ_0 で不変である，という言い方もできる．

逆に，μ_f が (2) を満たせば

$$\mu_{f \circ A_0} = \mu_f$$

だから，$f \circ A_0$ は f の解析関数である．すなわち

$$A = f \circ A_0 \circ f^{-1}$$

は正則である．したがって A は一次分数変換である．

ベルトラミ微分のなす線形空間を $B(\Gamma_0)$ とし，L^∞-ノルムに関するその開単位球を $B_1(\Gamma_0)$ で表す．

任意の $\mu \in B_1(\Gamma_0)$ に対し，H をそれ自身の上にうつす f^μ の存在はすでに示した．さらに 0, 1, ∞ を固定するように正規化すると，f^μ は一意的に定まった．

そこで

$$A^\mu = f^\mu \circ A_0 \circ (f^\mu)^{-1}$$

とし，Γ^μ を対応する群，θ^μ を誘導される同型とする．θ^μ はタイヒミュラー

空間の点を表すから，これで写像
$$B_1(\Gamma_0) \to T(S_0)$$
が定義できたことになる．この写像は明らかに L^∞-ノルムとタイヒミュラー距離に関して連続である．

さて，θ^{μ_1} と θ^{μ_2} が同値な同型のとき $\mu_1 \sim \mu_2$（同値）と定義することで，自然な同値関係が導入される．ただ，μ_1 と μ_2 を直接比較してこの同値関係を理解することは容易ではない．そのような大域的な問題はこの講義では解決できないので，無限小変形に対する局所的問題を解決するところまでを目標としておく．

ただその前に，いくつかの利点を持つ異なる手法について述べておこう．f^μ は下半平面に μ を対称に拡張することで得られたのだが，そうではなく μ を下半平面で 0 と定義するという手法である[6]．このようにしても全平面の qc 写像 f_μ を得る．（やはり $0, 1, \infty$ を固定するように正規化する．）

明らかに f_μ は上半平面の qc 写像で，下半平面の等角写像でもある．また，実軸は qc 鏡映変換を許す曲線 L にうつされる．

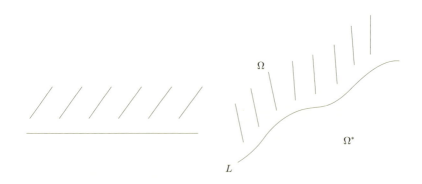

このときも

---
[6] ［訳註］いわゆる「Bers の同時一意化」である．

$$A_\mu = f_\mu \circ A_0 \circ f_\mu^{-1}$$

は等角で,したがって一次分数変換である.(実際,A_μ は Ω と Ω^* 上で等角で,全体で qc だから等角である.) したがって $\Omega \cup \Omega^*$ 上で不連続な新しい群 Γ_μ が得られるが,これを Fuchsoid 群と呼ぶ[7].さらに,リーマン面 $S = \Gamma_\mu \backslash \Omega$ と qc 写像:$S_0 \to S$ および等角写像:$\overline{S_0} \to \Gamma_\mu \backslash \Omega^*$ も誘導される.ここで $\overline{S_0}$ は S_0 に複素共役な複素構造を導入したリーマン面である.

Γ_0 が自明群の場合でも,任意の $\mu \in L^\infty$ に対し $\|\mu\|_\infty < 1$(つまり $\mu \in B_1$)なら f^μ と f_μ は定義できる.さらに,次の補題が成り立つ.

補題 1 $f^\mu = f^\nu$ が実軸上で成り立つのは,$f_\mu = f_\nu$ が実軸上で,したがって H^* 上で成り立つとき,かつそのときに限る.

証明 (1) まず $f_\mu = f_\nu$ が実軸上で成り立つなら,$f_\mu(H)$ と $f_\nu(H)$ が一致するから

$$f_\mu \circ (f^\mu)^{-1} = f_\nu \circ (f^\nu)^{-1}$$

である.実際,どちらも同じ領域への H の正規化された等角写像である.

(2) 次に,実軸上で $f^\mu = f^\nu$ とすると,H の qc 写像 $h = (f^\nu)^{-1} \circ f^\mu$ は実軸上の恒等写像である.したがって H^* 上 $h(z) = z$ と定義することで,全平面上の qc 写像に拡張できる.そこで,qc 写像 $A = f_\nu \circ h \circ (f_\mu)^{-1}$ を考えると,$f_\mu(H^*)$ 上では $A = f_\nu \circ (f_\mu)^{-1}$ なので等角である.$f_\mu(H)$ 上でも,

$$A = f_\nu \circ (f^\nu)^{-1} \circ f^\mu \circ (f_\mu)^{-1}$$

なので等角である.したがって A は一次分数変換で,さらに正規化条件から恒等写像である.特に $f_\mu = f_\nu$ が H^* 上で成り立つ. □

以下では Γ_0 が**第一種**,すなわち実軸上の各点で不連続ではないとする.このとき,実軸上の各点の軌道は稠密であることが知られている.特に固定点は稠密である[8].この仮定の下で次の補題が示せる.

---

[7] [訳註] 現在では擬フックス群 (quasi-Fuchsian group) と呼ばれる.
[8] [訳註] 付録の補足説明 (VI-2) を見よ.

補題 2 （Γ_0 が第一種のとき）$B(\Gamma_0)$ の元 μ_1 と μ_2 がタイヒミュラー空間の同じ点を定めるのは，$f^{\mu_1} = f^{\mu_2}$ が実軸上で成り立つとき，かつそのときに限る．

証明 実軸上で $f^{\mu_1} = f^{\mu_2}$ が成り立てば，$A^{\mu_1} = A^{\mu_2}$ も実軸上で成り立つので実は恒等的に成り立つ．したがって $\theta^{\mu_1} = \theta^{\mu_2}$ となり，μ_1 と μ_2 はタイヒミュラー空間の同じ点を定める．

逆に θ^{μ_1} と θ^{μ_2} が同値であるとすると，上半平面を保つ一次分数自己変換（つまり Ω の元）S で，任意の $A \in \Gamma_0$ に対し

$$A^{\mu_2} \circ S = S \circ A^{\mu_1}$$

を満たすものが存在する．

このとき S は A^{μ_1} の固定点を A^{μ_2} の固定点にうつす．（さらに，吸引的な固定点を吸引的なものにうつす．）これらの対応の仕方から[9]

$$S \circ f^{\mu_1} = f^{\mu_2}$$

が実軸上で成り立つことが分かるが，正規化条件から S は恒等変換でなければならない． □

系 Γ_0 が第一種のとき，μ_1 と μ_2 がタイヒミュラー空間の同じ点を定めるのは，

$$f_{\mu_1} = f_{\mu_2}$$

が H^* 上で成り立つとき，かつそのときに限る．

この系によりタイヒミュラー空間 $T(S_0)$ は，$\mu \in B_1(\Gamma_0)$ により f_μ と表せる H^* の等角写像全体のなす空間と同一視できる．

さらにシュワルツ微分

---

[9] [訳註] つまり，A_0 の固定点 x_0 に対し $f^{\mu_k}(x_0)$ $(k = 1, 2)$ が A^{μ_k} の対応する固定点である．

$$\{f_\mu, z\} = \frac{f_\mu'''}{f_\mu'} - \frac{3}{2}\left(\frac{f_\mu''}{f_\mu'}\right)^2$$

を用いれば，もっとよい特徴付けができる．まずシュワルツ微分の写像の合成に関する基本公式を思い出しておこう．すなわち

$$F(z) = f(\zeta(z))$$

とし，微分を常に「$'$」で表すとき，順に

$$F'(z) = f'(\zeta)\zeta'(z),$$
$$\frac{F''}{F'} = \frac{f''(\zeta)}{f'(\zeta)}\zeta' + \frac{\zeta''}{\zeta'},$$
$$\frac{F'''}{F'} - \left(\frac{F''}{F'}\right)^2 = \left(\frac{f'''(\zeta)}{f'(\zeta)} - \left(\frac{f''(\zeta)}{f'(\zeta)}\right)^2\right)\zeta'^2$$
$$+ \frac{f''(\zeta)}{f'(\zeta)}\zeta'' + \frac{\zeta'''}{\zeta'} - \left(\frac{\zeta''}{\zeta'}\right)^2$$

が示せるから[10]

$$\{F, z\} = \{f, \zeta\}\zeta'(z)^2 + \{\zeta, z\}$$

が分かる．

より分かりやすくするためにシュワルツ微分を $[f]$ で表すと，この公式は

$$[f \circ g] = ([f] \circ g)(g')^2 + [g]$$

と表せる．特に，f が一次分数変換 A のときは

$$[A \circ g] = [g]$$

となり[11]，$g = A$ のときは

$$[f \circ A] = ([f] \circ A)(A')^2$$

---

[10] ［訳註］三つめの式の左辺（右辺）は，二つめの式の左辺（右辺）の微分である．
[11] ［訳註］付録の補足説明 (VI-3) を見よ．

が成り立つ.

そこで $\phi_\mu = [f_\mu]$ とすると
$$(\phi_\mu \circ A)A'^2 = [f_\mu \circ A] = [A_\mu \circ f_\mu]$$
$$= [f_\mu] = \phi_\mu$$

すなわち
$$(\phi_\mu \circ A)(A')^2 = \phi_\mu$$

が成り立つので，ϕ_μ は**正則二次微分**である（$\phi_\mu \, dz^2$ が不変である）.

さらに，次の補題が Nehari により証明された.

補題 3 f が下半平面 H^* 上単葉なら $|[f]| \leq \dfrac{3}{2} y^{-2}$ である.

証明 $F(\zeta) = \zeta + \dfrac{b_1}{\zeta} + \dfrac{b_2}{\zeta^2} + \cdots$ が $\{|\zeta| > 1\}$ 上で単葉とすると，積分 $\dfrac{1}{2i} \displaystyle\int_{|\zeta|=r} \overline{F} \, dF$ は $|\zeta| = r$ の像が囲む領域の面積を表し，特に正値である.

一方，計算により
$$\frac{1}{2i} \int_{|\zeta|=r} \overline{F} \, dF = \frac{1}{2i} \int \left(\overline{\zeta} + \frac{\overline{b_1}}{\zeta} + \cdots \right) \left(1 - \frac{b_1}{\zeta^2} - \cdots \right) d\zeta$$
$$= \pi \left(r^2 - \frac{|b_1|^2}{r^2} - \cdots \right)$$

が示せるから $|b_1| \leq 1$ である.（より精密には $|b_1|^2 + 2|b_2|^2 + \cdots + n|b_n|^2 + \cdots \leq 1$ が成り立つが，これを Bieberbach の面積定理という.）

さらに
$$F' = 1 - \frac{b_1}{\zeta^2} + \cdots,$$
$$F'' = \frac{2b_1}{\zeta^3} + \cdots,$$
$$F''' = -\frac{6b_1}{\zeta^4} + \cdots$$

であるから $[F] = -\dfrac{6b_1}{\zeta^4} + \cdots$ となり，

B. ベルトラミ微分　**117**

$$\lim_{\zeta \to \infty} |\zeta^4 [F]| \leq 6$$

が成り立つ．

さて，$z_0 = x_0 + iy_0$ に対し $y_0 < 0$ と仮定し，$\zeta = Uz = (z - \overline{z_0})/(z - z_0)$ とする．このとき $F(\zeta) = f(U^{-1}\zeta)$ に対して

$$[f] = ([F] \circ U) U'^2$$

となる．一方，

$$U' = \frac{-2iy_0}{(z - z_0)^2}$$

かつ

$$U \sim \frac{2iy_0}{z - z_0} \quad (z \to z_0)$$

より

$$U'^2 \sim -\frac{1}{4y_0^2} U^4 \quad (z \to z_0)$$

を得る．したがって

$$[f](z_0) = -\frac{1}{4y_0^2} \lim_{\zeta \to \infty} [F] \cdot \zeta^4$$

となり

$$|[f]| \leq \frac{3}{2} \frac{1}{y^2}$$

が示せた． □

この補題から，このような二次微分 ϕ に対するノルムを

$$\|\phi\| = \sup |\phi(z)| y^2$$

により定義するのは自然である．

C. （普遍タイヒミュラー空間） Δ は開集合である

前節で，単位球 $B_1(\Gamma)$ からノルム有限な（H^* 上の）正則二次微分の空間 $Q(\Gamma)$ への写像 $\mu \to \phi_\mu$ を定義した．この節では，この写像による $B_1(\Gamma)$ の像を $\Delta(\Gamma)$ で表すとき，$\Delta(\Gamma)$ が $Q(\Gamma)$ の開部分集合であることを示そう．

この主張は Γ が恒等変換のみからなる自明群の場合でも有効である．その場合には，対応する空間をそれぞれ簡単に B_1, Δ, Q と表す．

定理 1 Δ は Q の開部分集合である．

定義から明らかに，Δ は下半平面で正則単葉な関数 f で上半平面に qc 拡張できるもののシュワルツ微分 $[f]$ 全体からなる．すでに，そのような Δ の元 ϕ に対し，$\|\phi\| \leq 3/2$ が成り立つことを示した．

補題 1 $\|\phi\| < 1/2$ を満たす正則二次微分 ϕ $(\in Q)$ は Δ に属する．

証明 まず常微分方程式

$$\eta'' = -\frac{1}{2}\phi\eta \tag{1}$$

の一次独立な二つの解 η_1, η_2 を固定する．さらに $\eta_1'\eta_2 - \eta_2'\eta_1 = 1$ と正規化されているとしてよい[12]．$f = \eta_1/\eta_2$ が $[f] = \phi$ を満たすことは簡単な計算で分かる．方程式 (1) の（非自明な）解は高々 1 位の零点しか持たないから，f は高々 1 位の極しか持たず，極以外の点では $f' \neq 0$ である．

さらに f が単葉で，上半平面の qc 写像に拡張できることを証明したい．そのような候補として，関数

$$F(z) = \frac{\eta_1(z) + (\bar{z} - z)\eta_1'(z)}{\eta_2(z) + (\bar{z} - z)\eta_2'(z)} \quad (z \in H^*)$$

を調べよう．まず（正規化条件 $\eta_1'\eta_2 - \eta_2'\eta_1 = 1$ から）分母と分子は同時には 0 にならない．したがって F は至るところで定義できるが，値は ∞ かもしれない．

簡単な計算で

---

[12] ［訳註］なお，仮定から $(\eta_1'\eta_2 - \eta_2'\eta_1)' = \eta_1''\eta_2 - \eta_2''\eta_1 = 0$ であるので，$\eta_1'\eta_2 - \eta_2'\eta_1$ は定数である．

C. (普遍タイヒミュラー空間) Δ は開集合である **119**

(2)
$$F_{\overline{z}} = \frac{1}{(\eta_2 + (\overline{z}-z)\eta_2')^2}$$

$$F_z = \frac{\frac{1}{2}\phi(\overline{z}-z)^2}{(\eta_2 + (\overline{z}-z)\eta_2')^2}$$

が示せるから
$$\frac{F_z}{F_{\overline{z}}} = \frac{1}{2}\phi(\overline{z}-z)^2$$

である.仮定より $|F_z| \le k|F_{\overline{z}}|$ となる $k<1$ が存在するから,F は向きを変える qc 写像である.

したがって,求める拡張は

(3)
$$\hat{f}(z) = \begin{cases} f(z) & z \in H^* \\ F(\overline{z}) & z \in H \end{cases}$$

であろう.ただし $\hat{f}$ が単射で qc 写像であることを示さなければならない.

これは,ϕ が十分「滑らか」ならばやさしい.具体的には,ϕ が実軸上でも解析的で ∞ で少なくとも 4 位の零点を持っていると仮定しよう.このとき f が F と実軸上で一致し $\hat{f}$ が局所的に単葉であることは明らかである.∞ での条件から,(1) の解で ∞ でのローラン展開が 1 と z から始まるものが存在することが分かる[13].すなわち,$a_1 b_2 - a_2 b_1 = 1$ を満たす定数により

$$\eta_1 = a_1 z + b_1 + O\left(\frac{1}{|z|}\right)$$

$$\eta_2 = a_2 z + b_2 + O\left(\frac{1}{|z|}\right)$$

と表せる.したがって
$$F(z) = \frac{a_1 \overline{z} + b_1 + O(|z|^{-1})}{a_2 \overline{z} + b_2 + O(|z|^{-1})} \to \frac{a_1}{a_2} \quad (z \to \infty)$$

---

[13] [訳註] 付録の補足説明 (VI-4) を見よ.

で，この極限値は f の極限値でもある.

これで $\hat{f}$ の単葉性は一価性定理から分かる．正規化するにはもちろん，$\hat{f}$ に一次分数変換を合成すればよい．

次に，一般の場合は近似すればよい．$S_n z = (2nz-i)/(iz+2n)$ とすると，$S_n H^* \Subset H^*$ で[14]，$n \to \infty$ のとき $S_n z \to z$ である．$\phi_n(z) = \phi(S_n z) S_n'(z)^2$ と定義すると

$$y^2 |\phi_n(z)| = |\phi(S_n z)| |S_n'(z)|^2 y^2 < |\phi(S_n z)|(\operatorname{Im} S_n(z))^2$$

が成り立ち，特に $\|\phi_n\| \leq \|\phi\|$ である．しかも ϕ_n は前段で仮定した十分「滑らか」であるという条件を満たすので，一様有界な歪曲度を持つ $\mathbb{C}$ の qc 写像 $\hat{f}_n$ で H^* 上 $[\hat{f}_n] = \phi_n$ を満たすものが存在する．したがって（K-qc 写像族の）コンパクト性から，もとの問題に対する解 $\hat{f}_0$ に収束する部分列が存在する．

また，$\phi_n \to \phi$ ならば $\eta'' = -(1/2)\phi_n \eta$ の正規化された解は $\eta'' = -(1/2)\phi \eta$ の正規化された解に収束する．したがって，今までと同じ正規化条件を考えれば H および H^* 上で $\hat{f}_0 = \hat{f}$ が成り立つとしてよい．特に $\hat{f}$ は実軸上まで連続に拡張でき，かつ

$$\mu = -2\phi(\bar{z}) y^2 \quad (z \in H)$$

に対応する解である． □

さらに $\phi \in Q(\Gamma)$ なら $\mu \in B(\Gamma)$ だから，次の補題を得る．

補題 2 $Q(\Gamma)$ の原点は $\Delta(\Gamma)$ の内点である．

さて，$\phi_0 \in \Delta$ を取り $[f_0] = \phi_0$ とする．ただし f_0 は f_{μ_0} と表せて，H と H^* を Ω と Ω^* にうつすとする．Ω の境界曲線 L に関する qc 鏡映変換 λ が存在するが，第 IV 章 D 節の補題 3 により λ はユークリッド的な長さの変化が有界であるように選べる．すなわち f_0 が K-qc であるとすると，λ は $C(K)$-qc で，かつ

---

[14] ［訳註］すなわち，$S_n H^*$ は H^* の相対コンパクトな部分集合である．

C. （普遍タイヒミュラー空間） Δ は開集合である

$$C(K)^{-1} \leq |\lambda_{\overline{z}}| \leq C(K)$$

を満たす．

さて $[f] = \phi$ とすると，シュワルツ微分の合成公式から

$$\phi - \phi_0 = \{f \circ f_0^{-1}, f_0\} f_0'^{\,2}$$

が成り立つ．したがって Ω^* 上の双曲計量を

$$\rho(\zeta)|d\zeta| = \frac{|dz|}{-y}$$

と表すと，$\|\phi - \phi_0\| \leq \epsilon$ のとき $g = f \circ f_0^{-1}$ は

$$|[g](\zeta)| \leq \epsilon \rho(\zeta)^2$$

を満たす．

ここで，ϵ が十分小さいとき g が qc 写像に拡張できることを示さなければならない．

そのために $\psi = [g]$ とおき，

$$\eta'' = -\frac{1}{2} \psi \eta$$

の正規化された解を η_1, η_2 とする．そして今度は

$$g(\zeta) = \frac{\eta_1(\zeta)}{\eta_2(\zeta)} \quad \zeta \in \Omega^*,$$

$$\hat{g}(\zeta) = \frac{\eta_1(\zeta^*) + (\zeta - \zeta^*)\eta_1'(\zeta^*)}{\eta_2(\zeta^*) + (\zeta - \zeta^*)\eta_2'(\zeta^*)} \quad \zeta \in \Omega$$

と定義する．（ここで $\zeta^* = \lambda(\zeta)$ である．）このとき

$$\mu_{\hat{g}}(\zeta) = \frac{\frac{1}{2}(\zeta - \zeta^*)^2 \psi(\zeta^*) \lambda_{\overline{\zeta}}(\zeta)}{1 + \frac{1}{2}(\zeta - \zeta^*)^2 \psi(\zeta^*) \lambda_\zeta(\zeta)} \quad \zeta \in \Omega$$

が計算で分かるが，$|\lambda_\zeta| < |\lambda_{\overline{\zeta}}| \leq C(K)$ かつ $|\zeta - \zeta^*| < C\rho(\zeta^*)^{-1}$ だから，ϵ が十分小さければ

(4) $$|\mu_{\hat{g}}| \leq \frac{\epsilon C'(K)}{1 - \epsilon C'(K)} < 1$$

が成り立つ[15].

次にやはり，$\hat{g}$ が連続で単葉であることを示さなければならない．L が解析的で ψ が L 上解析的かつ ∞ で 4 位の零点を持つ場合は，以前と同様に容易に示せる．

一般の場合は，やはり近似する．S_n を補題 1 の証明で用いた一次分数変換とし $f_n = f_0 \circ S_n$ と定義する．L_n を f_n による実軸の像とすると，L_n は解析曲線で K^2-qc 鏡映変換を持つ．さらに ψ は L_n 上解析的である．

$\Omega_n^* = f_n(H^*)$ の双曲密度 ρ_n は ρ 以上だから $|\psi| \le \epsilon \rho^2$ から $|\psi| \le \epsilon \rho_n^2$ も分かる．したがって，正規化された qc 写像 $\hat{g}_n$ で Ω_n^* 上 $[\hat{g}_n] = \psi$ かつ $\mu_{\hat{g}_n}$ が不等式 (4) を満たすものからなる列が構成できる．部分列を取れば $\hat{g}_n$ が qc 写像 $\hat{g}$ に収束するとしてよいが，$\hat{g}$ は Ω^* 上 g と一致する．これで定理 1 が証明された． □

さらに $\mu_{\hat{g}}$ が不等式 (4) を満たすことから，次の系を得る．

系 $\phi_0 = [f_{\mu_0}] \in \Delta$ に収束する任意の $\phi_n \in \Delta$ の列に対し，$[f_{\mu_n}] = \phi_n$ となる $\mu_n \to \mu_0$ が存在する．

証明 $\phi = [\hat{g} \circ f_0]$ と表せばよい． □

さて，この節で証明に最も繊細な議論を要するのが次の定理である．

定理 2 $\Delta(\Gamma)$ は $Q(\Gamma)$ の開部分集合である．

注意 この定理は Bers により最初に証明された．以下の証明の方針は Clifford Earle に依る．

まず，任意の $\mu_0 \in B_1$ に対し写像

$$\beta_0 : \Delta \to \Delta$$

が次のように構成できる．与えられた $\phi \in \Delta$ に対し $\mu \in B_1$ で $\phi = \phi_\mu$ を満たすものが存在するが，この μ から

---

[15] [訳註] ここでは $C = 2C(K)$ でよいから，$C'(K) = 2C(K)^3$ とできる．

C.（普遍タイヒミュラー空間）Δ は開集合である   **123**

(5) $$f^\lambda = f^\mu \circ (f^{\mu_0})^{-1}$$

により λ を定義し，$\beta_0(\phi) = \phi_\lambda$ とする．この ϕ_λ は ϕ から一意的に定まる．実際 $\phi_\mu = \phi_{\mu_1}$ とすると f^μ は f^{μ_1} と同じ境界値を持つ．したがって f^λ は f^{λ_1} と同じ境界値を持ち $\phi_\lambda = \phi_{\lambda_1}$ である．

また β_0 が単射で ϕ_{μ_0} を 0 にうつすことは明らかである．さらに β_0 は連続である．実際，$\phi_n \to \phi = [f_\mu]$ なら，上述より $\phi_n = [f_{\mu_n}]$ で $\mu_n \to \mu$ となるものが存在する．対応する ϕ_{λ_n} は ϕ_λ に収束する[16]．

補題（Earle） $\phi_\mu \in Q(\Gamma)$ となるのは，任意の $A \in \Gamma$ に対し実軸 $\mathbb{R}$ 上で

$$f^\mu \circ A \circ (f^\mu)^{-1} = B$$

を満たす一次分数変換 B が存在するとき，かつそのときに限る．

証明 $\phi_\mu \in Q(\Gamma)$ となることは，任意の $A \in \Gamma$ に対し $[f_\mu \circ A] = [f_\mu]$ が Ω_μ^* 上で成り立つことと，したがって $f_\mu \circ A \circ f_\mu^{-1} = C$ が一次分数変換であることと同値である．

(1) もし補題のような B が存在すれば，$f_\mu(\mathbb{R})$ 上で

$$C = f_\mu \circ A \circ (f_\mu)^{-1} = f_\mu \circ (f^\mu)^{-1} \circ B \circ f^\mu \circ (f_\mu)^{-1}$$

が成り立つ．したがって C は，最初の表現式から Ω_μ^* 上正則で，第二の表現式から Ω_μ 上でも正則になるから，一次分数変換である[17]．

(2) もし上述の C が一次分数変換なら，$\mathbb{R}$ 上で

$$B = f^\mu \circ A \circ (f^\mu)^{-1} = f^\mu \circ f_\mu^{-1} \circ C \circ f_\mu \circ (f^\mu)^{-1}$$

が成り立つが，これは最後の表現式から H の自己等角写像，したがって一次分数変換である．これで補題が示された． $\square$

（定理 2 の証明に戻って）$\mu_0 \in B_1(\Gamma)$ とする．このとき β_0 は $\Delta(\Gamma)$ を $\Delta(\Gamma^{\mu_0})$ にうつす．実際，

---

[16] ［訳註］第二版編者注 (5) を見よ．ただし，$\Gamma \backslash H$ がコンパクトの場合には，連続性の証明はこのままで正しい．
[17] ［原註］qc 写像がほとんどすべての点で等角だからである．

$$f^\lambda \circ A^{\mu_0} \circ (f^\lambda)^{-1} = f^\mu \circ A \circ (f^\mu)^{-1} = A^\mu$$

である．さらに上の補題から，$Q(\Gamma) \cap \Delta$ は $Q(\Gamma^{\mu_0}) \cap \Delta$ にうつることも分かる．一方，$Q(\Gamma^{\mu_0})$ の原点に対し $\Delta(\Gamma^{\mu_0})$ に含まれる近傍 N が存在した．Δ 内での原点の近傍 N_0 を用いて $N = Q(\Gamma^{\mu_0}) \cap N_0 = Q(\Gamma^{\mu_0}) \cap \Delta \cap N_0$ と表すと，

$$\beta_0^{-1}(N) = Q(\Gamma) \cap \Delta \cap \beta_0^{-1}(N_0) = Q(\Gamma) \cap \beta_0^{-1}(N_0)$$

は $Q(\Gamma)$ での ϕ_{μ_0} の近傍である．$N \subset \Delta(\Gamma^{\mu_0})$ だから $\beta_0^{-1}(N) \subset \Delta(\Gamma)$ で，ϕ_{μ_0} が $\Delta(\Gamma)$ に含まれる $Q(\Gamma)$ での近傍を持つことが示せた．（定理 2 の証明終わり．） □

結論：S_0 上の H の被覆変換群 Γ が第一種ならば，タイヒミュラー空間 $T(S_0)$ は $Q(\Gamma)$ の開部分集合 $\Delta(\Gamma)$ と同一視できる．タイヒミュラー距離は $Q(\Gamma)$ 上のノルムによる位相と同じ位相を誘導する．

特に S_0 が種数 $g > 1$ の閉リーマン面の場合には，$Q(\Gamma)$ の複素次元は $3g - 3$ で，基底 $\phi_1, \ldots, \phi_{3g-3}$ を固定すれば，任意の $\phi \in Q(\Gamma)$ は複素係数の一次結合

$$\phi = \tau_1 \phi_1 + \cdots + \tau_{3g-3} \phi_{3g-3}$$

で書ける．したがって $\Delta(\Gamma)$ は $\mathbb{C}^{3g-3}$ の有界な開集合と同一視できる．

さらに，$\tau = (\tau_1, \ldots, \tau_{3g-3})$ によるパラメータ付けにより，種数 g の閉リーマン面の**正則族**を定義できる[18]．

ここで，（リーマン面の）正則族は小平と Spencer により以下のように定式化されている．

$n+1$ 次元複素多様体 V と n 次元複素多様体 M への正則写像 $\pi: V \to M$ で，各 $\tau \in M$ に対するファイバー $\pi^{-1}(\tau)$ がリーマン面であるものが与えられているとする．

さらに，V と M の複素構造は以下の条件を満たす．V の開被覆 $\{U_\alpha\}$ と，

---

[18] ［訳註］以下は，その概説である．

C.（普遍タイヒミュラー空間）Δ は開集合である 　**125**

各 α に対する中への双正則写像 $h_\alpha : U_\alpha \to \mathbb{C} \times M$ で，（U_α と U_β が交わるとき）任意の $\tau \in M$ に対し $\phi_{\alpha\beta} = h_\alpha \circ h_\beta^{-1}$ の $h_\beta(U_\alpha \cap U_\beta \cap \pi^{-1}(\tau))$ への制限写像は複素解析的であるものが存在する．（これらの制限写像が $\pi^{-1}(\tau)$ の複素構造を定める．）

ここでは，M は $\Delta(\Gamma)$ である．各 $\tau \in \Delta(\Gamma)$ は $\phi = [f_\mu]$ を定め f_μ は H^* では一意的であった．したがって（上述の）Ω_μ^*, Ω_μ や群 Γ_μ も τ から一意に定まる．以下では τ に依存していることを強調するために，これらの記号を $\phi_\tau, \Omega_\tau, \Gamma_\tau$ 等々で表すことにする．f_τ は H^* 上で微分方程式 $[f_\tau] = \phi_\tau$ により定まるから，f_τ はパラメータ τ に正則に依存する．さらに $A \in \Gamma$ に対し，対応する $A_\tau \in \Gamma_\tau$ は H^* 上 $f_\tau \circ A = A_\tau \circ f_\tau$ で定まるから，A_τ も τ に正則に依存する．この事実は重要だろう．

次に，族をなすリーマン面は $S(\tau) = \Gamma_\tau \backslash \Omega_\tau$ で，V はそれらの和集合である．つまり V の点とは軌道 $\Gamma_\tau \zeta$ である．ただし $\zeta \in \Omega_\tau$ かつ $\tau \in \Delta(\Gamma)$ とする．また射影 $\pi : V \to M$ は $\pi^{-1}(\tau) = S(\tau)$ となるように定める．

V の一点 $\Gamma_{\tau_0} \zeta_0$ を固定する．この軌道から一点 ζ_0 を固定し，その開近傍 $N = N(\zeta_0)$ を，$\overline{N}$ がコンパクトで Ω_{τ_0} に含まれ，さらに Γ_{τ_0} による像が互いに重ならないように選ぶ．このとき，点 $\Gamma_{\tau_0} \zeta_0$ の近傍 $N(\epsilon, \zeta_0, \tau_0)$ は $\|\phi_\tau - \phi_{\tau_0}\| < \epsilon$ かつ $\zeta \in N(\zeta_0)$ を満たす点 $\Gamma_\tau \zeta$ 全体の集合として定義される．ここで ϵ は Γ_τ による $\overline{N}$ の像が互いに重ならないくらい小さく取る．ϕ_τ が ϕ_{τ_0} に近ければ A_τ も A_{τ_0} に近いことから，これは可能である．したがって，$N(\zeta_0) \cap \Gamma_\tau \zeta$ は 1 点 ζ のみからなり，写像 $h : \Gamma_\tau \zeta \to (\zeta, \tau)$ が $N(\epsilon, \zeta_0, \tau_0)$ 上で定義できる．

このような $N(\epsilon, \zeta_0, \tau_0)$ 全体を V の位相を定める基本近傍系とする．さらに，それらの基本近傍上で定義されるパラメータ写像 $h : \Gamma_\tau \zeta \to (\zeta, \tau)$ により $\pi : V \to M$ に正則族の構造が誘導される．実際，二つの基本近傍 U_0 と U_1 が共通部分を持てば，$U_0 \cap U_1$ では，適当な $A_\tau \in \Gamma_\tau$ により $h_0(\Gamma_\tau \zeta) = (\zeta, \tau)$ かつ $h_1(\Gamma_\tau \zeta) = (A_\tau \zeta, \tau)$ と書ける．つまり $h_1 \circ h_0^{-1}$ は $(\zeta, \tau) \to (A_\tau \zeta, \tau)$ で与えられ，τ と ζ に関して正則である．パラメータ写像が，$S(\tau)$ 上ではその複素構造と同値で $\pi : V \to M$ が正則になるような V 上の複素構造を定めることは明らかである．

D. 無限小での考察（接空間）

写像 f_μ はこれ以上扱わず，以下では f^μ や A^μ を直接調べよう．

一般に，任意の関数 $F(\mu)$ と $\nu \in L^\infty$ に対し
$$\lim_{t \to 0} \frac{F(\mu + t\nu) - F(\mu)}{t}$$
が存在するとき，その極限値を $\dot{F}(\mu)[\nu]$ で表す．なお $\mu = 0$ での微分係数を考えるときは「(μ)」を省略する．また t は実数とする．

すでに
$$\dot{f}[\nu](\zeta) = -\frac{1}{\pi} \iint \nu(z) R(z, \zeta) \, dx \, dy$$
であることを示した．ただし
$$R(z, \zeta) = \frac{1}{z - \zeta} - \frac{1-\zeta}{z} - \frac{\zeta}{z-1}$$
である．この公式を対称な場合，すなわち $\nu(\bar{z}) = \overline{\nu(z)}$ を満たす場合に適用すれば，よりはっきりした公式

(1)
$$\begin{aligned}\dot{f}[\nu](\zeta) = &-\frac{1}{\pi} \iint_H \nu(z) R(z, \zeta) \, dx \, dy \\ &-\frac{1}{\pi} \iint_H \overline{\nu(z)} R(\bar{z}, \zeta) \, dx \, dy\end{aligned}$$

が得られる．

明らかに $\dot{f}[\nu]$ は実線形であるが，複素線形ではない．しかし

(2) $$\Phi[\nu] = \dot{f}[\nu] + i\dot{f}[i\nu]$$

と定義すれば，これは複素反線形（共役線形）作用素[19]で，

(3) $$\Phi[\nu](\zeta) = -\frac{2}{\pi} \iint_H \overline{\nu(z)} R(\bar{z}, \zeta) \, dx \, dy$$

となる．したがって，ζ については H 上正則で，3次導関数は

---

[19] ［訳註］すなわち $\Phi[a\nu] = \bar{a}\Phi[\nu]$ を満たす．

D. 無限小での考察（接空間） **127**

(4) $$\Phi'''(\zeta) = \phi[\nu](\zeta) = -\frac{12}{\pi} \iint_H \frac{\overline{\nu}(z)}{(\overline{z}-\zeta)^4} \, dx \, dy$$

となる．さらに $\nu \in B(\Gamma)$ なら ϕ は正則二次微分である（つまり $\phi \in Q(\Gamma)$ である）ことが示せる．

さて $\mu = t\nu$ として

$$f^\mu(Az) = A^\mu f^\mu(z)$$

を微分すれば

(5) $$\dot{f}[\nu] \circ A = \dot{A}[\nu] + A' \dot{f}[\nu]$$

が得られる．（ここで $\dot{A}$ の存在には少しばかり証明が必要であるが，そう難しくはない[20]．）これをさらに $\overline{z}$-微分すれば，$\dot{f}[\nu]_{\overline{z}} = \nu$ だから

$$(\nu \circ A)\overline{A'} = \dot{A}_{\overline{z}} + A'\nu$$

を得る．$\nu \in B(\Gamma)$ なら $\dot{A}_{\overline{z}} = 0$ だから，$\dot{A}$ は解析関数である．さらに仮定から $\dot{A}/A'$ は実軸上実数になるから，全平面に対称に拡張できる．また $\dot{f}[\nu]$ の表示式から ∞ で $O(|z|^2)$ であることが分かるので，$\dot{A}/A'$ の $A^{-1}(\infty)$ での特異点は除去可能となり，∞ では高々 2 位の極を持つ．すなわち，

(6) $$\frac{\dot{A}}{A'} = P_A$$

は 2 次多項式である．これらの多項式は，

$$(A_1 A_2)\dot{\ } = (\dot{A}_1 \circ A_2) + (A_1' \circ A_2)\dot{A}_2,$$
$$(A_1 A_2)' = (A_1' \circ A_2)A_2'$$

だから

(7) $$P_{A_1 A_2} = \frac{P_{A_1} \circ A_2}{A_2'} + P_{A_2}$$

を満たす．

さて，$\dot{A}[\nu]$ がすべて 0 のとき ν は**自明**であるといい $\nu \in N(\Gamma)$ と表す．

---
[20] ［訳註］付録の補足説明 (VI-5) を見よ．

この自明性については，以下のようにたくさんの同値条件がある．

補題 1 以下の条件はすべて同値である．

(a) 任意の $A \in \Gamma$ に対し $\dot{A}[\nu] = 0$ である[21]．
(b) 任意の $A \in \Gamma$ に対し $P_A = 0$ である．
(c) $\mathbb{R}$ 上で $\dot{f}[\nu] = 0$ である．
(d) (恒等的に) $\Phi[\nu] = 0$ である．
(e) (恒等的に) $\phi[\nu] = 0$ である．
(f) 任意の $\phi \in Q(\Gamma)$ に対し $\iint_{\Gamma \backslash H} \nu \phi \, dx \, dy = 0$ が成り立つ[22]．

証明 (a) $\Leftrightarrow$ (b) は等式 (6) から分かる．また，(c) $\Rightarrow$ (a) は等式 (5) から分かるが，逆に $\dot{A} = 0$ なら $\dot{f}(0) = 0$ なので，任意の A に対し $\dot{f}(A0) = 0$ となる．(群 Γ は第一種と仮定しているので) このような点は $\mathbb{R}$ 上で稠密で，連続性により $\mathbb{R}$ 上 $\dot{f} = 0$ となる．

次に，Φ の定義と (5), (6) 式から

$$\frac{\Phi \circ A}{A'} - \Phi = P_A[\nu] + i P_A[i\nu]$$

である．したがって $\Phi = 0$ なら $\mathbb{R}$ 上で $P_A[\nu] + i P_A[i\nu] = 0$ だが，どちらの多項式も $\mathbb{R}$ 上では実数値なので恒等的に 0 となり，(d) $\Rightarrow$ (b) ($\Leftrightarrow$ (c)) が示せた．逆に $\mathbb{R}$ 上で $\dot{f}[\nu] = 0$ とすると，Φ は $\mathbb{R}$ 上純虚数値なので全平面に解析的に拡張できるが，$\Phi(z) = o(|z|^2)$ なので (高々) 1 次式である．一方，$0, 1$ では 0 になるので $\Phi = 0$ となり (c) $\Rightarrow$ (d) が分かった．

また $\Phi''' = \phi$ より (d) $\Rightarrow$ (e) である．逆に $\phi = 0$ とすると Φ は多項式で，同上の議論で $\Phi = 0$ が示せる．

さて，条件 (f) が最も重要である．証明は $\Gamma \backslash H$ がコンパクトな場合にのみ与えることにして，$\Gamma \backslash H$ をコンパクトな基本多角形 S の辺を同一視したものと考える．$\dot{A} = 0$ なら $\dot{f} \circ A = A' \dot{f}$ だが，さらに $\dot{f}_{\bar{z}} = \nu$ だったのでストークスの公式から

---

[21] [訳註] すなわち ν が自明である．
[22] [原註] $\Gamma \backslash H$ がコンパクトでない場合は，$\iint_{\Gamma \backslash H} |\phi| \, dx \, dy < \infty$ である任意の $\phi \in Q(\Gamma)$ に対して成り立つとする．

$$\iint_S \nu\phi\,dx\,dy = -\frac{1}{2i}\iint_S \dot{f}_{\bar{z}}\phi\,dz\,d\bar{z} = \frac{1}{2i}\int_{\partial S}\dot{f}\phi\,dz$$

が成り立つ. ここで上の等式から $\dot{f}/dz$ は Γ で不変になるので

$$\dot{f}\phi\,dz = \frac{\dot{f}}{dz}\cdot\phi\,dz^2$$

も不変になり, 境界積分は 0 になる.

最後に, この逆を示すために ζ が実数とすると (3) 式は

$$\overline{\Phi(\zeta)} = -\frac{2}{\pi}\iint_H \nu(z)R(z,\zeta)\,dx\,dy$$

とも書ける. ここで Poincaré の θ-級数

$$\psi(z) = \sum R(Az,\zeta)A'(z)^2$$

を使う. $\iint_H |R(z,\zeta)|\,dx\,dy < \infty$ だからこの級数が収束することは容易に分かる. さらに

$$\begin{aligned}
\overline{\Phi(\zeta)} &= -\frac{2}{\pi}\sum\iint_{A(S)} \nu(z)R(z,\zeta)\,dx\,dy \\
&= -\frac{2}{\pi}\sum\iint_S \nu(Az)R(Az,\zeta)|A'(z)|^2\,dx\,dy \\
&= -\frac{2}{\pi}\sum\iint_S \nu(z)R(Az,\zeta)A'(z)^2\,dx\,dy \\
&= -\frac{2}{\pi}\iint \nu\psi\,dx\,dy
\end{aligned}$$

である. ここで (f) を仮定すればこの値は 0 だから Φ は恒等的に 0 である. これで補題の証明が終わった. □

さらに, 次の補題も必要である.

補題 2 ϕ が H 上正則で

$$\sup_H |\phi|y^2 < \infty$$

を満たすとき

(8) $$\phi(\zeta) = \frac{12}{\pi}\iint_H \frac{\phi(z)y^2}{(\bar{z}-\zeta)^4}\,dx\,dy$$

が成り立つ.

証明

$$\frac{y^2}{(\overline{z}-\zeta)^4} = -\frac{1}{4}\frac{(\overline{z}-z)^2}{(\overline{z}-\zeta)^4} = -\frac{1}{4}\left[\frac{1}{(\overline{z}-\zeta)^2} - \frac{2(z-\zeta)}{(\overline{z}-\zeta)^3} + \frac{(z-\zeta)^2}{(\overline{z}-\zeta)^4}\right]$$

$$= -\frac{1}{4}\frac{\partial}{\partial \overline{z}}\left[-\frac{1}{\overline{z}-\zeta} + \frac{z-\zeta}{(\overline{z}-\zeta)^2} - \frac{1}{3}\frac{(z-\zeta)^2}{(\overline{z}-\zeta)^3}\right]$$

であるから, ϕ が $\mathbb{R}$ 上でも解析的なら部分積分により

$$\frac{12}{\pi}\iint_H \frac{\phi(z)y^2}{(\overline{z}-\zeta)^4}\,dx\,dy = -\frac{3}{2\pi i}\int_\mathbb{R} -\frac{1}{3}\frac{\phi(z)}{z-\zeta}\,dz = \phi(\zeta)$$

が示せる. 一般の場合は $\epsilon > 0$ として $\phi(z+i\epsilon)$ に上の公式を適用すればよい. 実際, 仮定から ($\epsilon \to 0$ のとき) 積分は絶対収束する. □

さて, 式 (4) と式 (8) を比べると, すでに定義した $B(\Gamma)$ から $Q(\Gamma)$ への反線形写像

$$\Lambda : \nu \to \phi[\nu]$$

の他に $Q(\Gamma)$ から $B(\Gamma)$ への写像

$$\Lambda^* : \phi \to -\overline{\phi}y^2$$

も定義できるが, 補題 2 は $\Lambda\Lambda^*$ が恒等写像 I であることを示している.

補題 1 の (e) から, $\nu \in N(\Gamma)$ と $\Lambda\nu = 0$ とは同値だから, $\Lambda\Lambda^* = I$ より

$$\nu - \Lambda^*\Lambda\nu \in N(\Gamma)$$

が成り立つ. 言い換えると ν は $-\overline{\phi[\nu]}y^2$ と $\mathrm{mod}\,N(\Gamma)$ で合同である. しかも ν と合同になる $\Lambda^*\phi$ の形の元はこれ以外にない. 実際 $-\overline{\phi}y^2 \in N(\Gamma)$ ならば $\iint_{\Gamma\backslash H}|\phi(z)|^2 y^2\,dx\,dy = 0$ でなければならず, $\phi = 0$ である.

結論: Λ は $B(\Gamma)/N(\Gamma)$ から $Q(\Gamma)$ への同型を与える. さらに $Q(\Gamma)$ から $B(\Gamma)/N(\Gamma)$ への逆向きの同型は Λ^* で与えられる.

さて, 種数 $g > 1$ の閉リーマン面 S は

D. 無限小での考察（接空間）　**131**

(9) $$A_1 A_2 A_1^{-1} A_2^{-1} \cdots A_{2g-1} A_{2g} A_{2g-1}^{-1} A_{2g}^{-1} = I$$

を満たす一次分数変換 $A_1, \ldots, A_{2g}$ で生成される群 Γ を定める．このような $\{A_1, \ldots, A_{2g}\}$ を標準生成元系と呼ぼう．Γ が閉リーマン面に対応するとき，A_1 と A_2 は相異なる 4 個の固定点を持つ．必要なら共役な群に取り換えて，A_1 の固定点が $0, \infty$ で A_2 は 1 を固定点に持つと仮定してよい．このとき，生成元系は正規化されているという．

$V = $ 正規化された標準生成元系の集合

$T = $ 種数 g の閉リーマン面に対応する正規化された標準生成元系の集合

とする．

V は $6g-6$ 次元の実解析的多様体であることが示せるが，T が V の開部分集合で自然な複素構造が導入できることを示そう．

そのために，リーマン面 S から定まる Γ が正規化された標準生成元系 $(A) = (A_1, \ldots, A_{2g})$ を持つとする．$B(\Gamma)/N(\Gamma)$ の基底 $\nu_1, \ldots, \nu_{3g-3}$ を固定し，

$$\nu(\tau) = \tau_1 \nu_1 + \cdots + \tau_{3g-3} \nu_{3g-3}$$

とする．また $\tau_k = t_k + it'_k$ とする．τ が十分 0 に近ければ，生成元系 $(A^{\nu(\tau)}) \in T$ が得られるが，多様体 V の (A) の近傍での局所座標を $u_1, \ldots, u_{6g-6}$ とすれば，写像 $\tau \to (A^{\nu(\tau)})$ は

$$u_j = h_j(t_1, t'_1, \ldots, t_{3g-3}, t'_{3g-3})$$

の形に表せる．このとき

(1) 各 h_j が連続的微分可能であり，
(2) $\tau = 0$ で，ヤコビアンが 0 でない

ことを証明しなければならない．

証明　まず (1) はすでに証明された．次に各 A_ℓ の成分は u_k の可微分関数だから，もしすべての $\dot{u}_k[\nu]$ が 0 なら，すべての $\dot{A}_k[\nu]$ も 0 で，したがって

すべての $\dot{A}[\nu]$ も 0 である. また
$$\frac{\partial h_j}{\partial t_k} = \dot{u}_j[\nu_k], \quad \frac{\partial h_j}{\partial t'_k} = \dot{u}_j[i\nu_k]$$
である. もし原点でのヤコビアンが 0 だと仮定すれば,（すべてが 0 ではない）実数 ξ_k, η_k で
$$\sum \xi_k \frac{\partial h_j}{\partial t_k} + \eta_k \frac{\partial h_j}{\partial t'_k} = 0$$
がすべての j に対して成り立つものが存在しなければならない. このときは
$$\dot{u}_j \left[\sum (\xi_k + i\eta_k)\nu_k \right] = 0$$
であるから
$$\dot{A} \left[\sum (\xi_k + i\eta_k)\nu_k \right] = 0$$
が成り立ち, $\sum(\xi_k + i\eta_k)\nu_k \in N(\Gamma)$ でなければならない. しかしこれはすべての ξ_k, η_k が 0 のときのみ可能である. これで, 原点でのヤコビアンが 0 でないことが証明された. □

以上の議論から, T が V の開部分集合であることが分かる. さらに $\|\mu\|$ が十分小さければ
$$A^{\tau_1(\mu)\nu_1 + \cdots + \tau_{3g-3}(\mu)\nu_{3g-3}} = A^\mu$$
を満たす複素数 $\tau_1(\mu), \ldots, \tau_{3g-3}(\mu)$ が一意的に存在することも分かる. そこで $\mu = t\rho$ とし, $t = 0$ で t に関して微分すると
$$\dot{A}[\dot{\tau}_1[\rho]\nu_1 + \cdots + \dot{\tau}_{3g-3}[\rho]\nu_{3g-3}] = \dot{A}[\rho]$$
が得られるが, これは
$$\dot{\tau}_1[\rho]\nu_1 + \cdots + \dot{\tau}_{3g-3}[\rho]\nu_{3g-3} - \rho \in N(\Gamma)$$
を意味する. この結果と ρ を $i\rho$ で置き換えて得られる結果とから ρ を消去すれば

$$\sum_{1}^{3g-3} \left(\dot{\tau}_k[\rho] + i\dot{\tau}_k[i\rho]\right)\nu_k \in N(\Gamma)$$

が得られる．したがって

$$\dot{\tau}_k[i\rho] = i\dot{\tau}_k[\rho]$$

が成り立つ．

言い換えると $\dot{\tau}_k$ は複素線形作用素で，$\tau_k(\mu)$ が $\mu = 0$ で複素微分可能であることを意味する．

したがって，座標関数 $(A^\mu) \to (\tau_1(\mu), \ldots, \tau_{3g-3}(\mu))$ により T 上に複素構造が導入できる．実際，近傍の重なる部分上でこれらの座標の変換が解析的であることを示さなければならないが，特定の座標系の原点で示せば十分である．そこで $\mu(\tau) = \sum \tau_i \nu_i$ を用いて $\mu_0 = \mu(\tau_0)$ を $B(\Gamma)$ の原点の近くの点とする．$B(\Gamma^{\mu_0})$ の点 $\lambda(\tau)$ を $f^{\mu(\tau)} = f^{\lambda(\tau)} \circ f^{\mu_0}$ により定義するとき，第 I 章 C 節の公式より

$$\lambda(\tau) \circ f^{\mu_0} = \frac{\mu(\tau) - \mu_0}{1 - \overline{\mu_0}\mu(\tau)} \left(\frac{f_z^{\mu_0}}{|f_z^{\mu_0}|}\right)^2$$

であったから，λ は τ に解析的に依存する．

さて，$B(\Gamma^{\mu_0})/N(\Gamma^{\mu_0})$ の基底 $\lambda_1, \ldots, \lambda_{3g-3}$ を固定し，(A^{μ_0}) の近傍での座標を $\sigma_1(\lambda), \ldots, \sigma_{3g-3}(\lambda)$ とすると，τ_0 の近くの τ に対しては

$$(A^{\mu(\tau)}) = \left((A^{\mu_0})^{\lambda(\tau)}\right) = \left((A^{\mu_0})^{\sum \sigma_i(\lambda(\tau))\lambda_i}\right)$$

と一意的に表せる．ここで $\sigma_i(\lambda)$ は $\lambda = 0$ で複素解析的だから，σ_i は τ_0 で τ の複素解析関数である．これが示すべきことであった．

第二版編者注

編者注（1） 宍倉（光広）氏は「十分細かい」分割が取れることには証明が必要だと指摘した．垂直な帯 Q_i や水平な帯 Q'_{ij} を各 Q_{ij} の近傍上 f が K-qc になるように選べるかという点だが，彼は次の構成法を挙げた．

まず Q を軸平行な直線で縦横に分割して，各細分はモジュラスが $1/K$ より小さく，かつ垂直に隣り合う二つの細分対が f が K-qc となる近傍を持つようにする．このとき各細分の像はモジュラスが 1 未満だから，第 III 章 A 節のタイヒミュラーの極値問題を使えば水平線分を含むことが分かる．像でのこれらの水平線分と定義域での垂直な直線を使えば，アールフォルスの議論が適用できるような分割を得る．

編集注（2） ϕ は連続と仮定されている．これは，この章の最初の文で ϕ に仮定されている条件の一つである．

編者注（3） f が零集合を零集合にうつすことの，より簡単な証明は第 V 章 B 節定理 2 の証明後に述べられている．f は向きを保ち，ほとんどすべての点で全微分可能な同相写像だから，f の定義域に含まれる任意の可測集合 E に対し積分

$$\iint_E J\,dx\,dy$$

が $f(E)$ の面積であることが容易に分かる．

[訳註] 原著第二版の編集は Clifford J. Earle, Irwin Kra による．

編者注（4） ACL 条件を直接示すことは自明ではないが，補題は第 V 章の結果から簡単に分かる．定義より，拡張された写像 ϕ は単位円周上以外では qc で，複素歪曲度 μ は対称性条件 $\mu(1/\bar{z})(\bar{z}/z)^2 = \overline{\mu(z)}$ を満たすから，qc 写像 f^μ は $f^\mu(1/\bar{z}) = 1/\overline{f^\mu(z)}$ を満たす．

一方，全平面の同相写像 $F = \phi \circ (f^\mu)^{-1}$ は，単位円周以外で等角で $F(1/\bar{z}) = 1/\overline{F(z)}$ を満たすから，シュワルツの鏡像原理から至るところで F は等角，したがって $\phi = F \circ f^\mu$ は qc である．

なお，補題の第 V 章の結果を使わない証明については Lehto–Virtanen の教科書[1]の第 1 章も見よ．

編者注（5） β_0 が連続であることを示すには，B_1 から Q への像 $\mu \mapsto \phi_\mu$ の連続性と開写像性が必要である．開写像性は定理 1 の系から分かるが，アールフォルスは連続性を証明なしに使っている．以下の短い証明は，Lehto や Nag の参考書[2]の方法を用いている．

$\mu \in B_1$ とノルム 1 の $\nu \in B$ を取り，$D_\epsilon = \{\zeta \mid |\zeta| < \epsilon\}$ とする．ただし $\epsilon = 1 - \|\mu\|_\infty$ である．第 V 章の結果と qc 写像族のコンパクト性から，$D_\epsilon \times H^*$ から $\mathbb{C}$ への写像 $(\zeta, z) \mapsto f_{\mu+\zeta\nu}(z)$ は連続で，さらに ζ や z の関数として正則だから，（証明が）やさしい場合の Hartogs の定理により $D_\epsilon \times H^*$ 上正則である．したがって $(\zeta, z) \mapsto \phi_{\mu+\zeta\nu}(z)$ も $D_\epsilon \times H^*$ 上正則である．

さて，$z = x + iy \in H^*$ を固定し，$F(\zeta) = y^2(\phi_{\mu+\zeta\nu}(z) - \phi_\mu(z))$ で定義される正則関数 $F : D_\epsilon \to \mathbb{C}$ を考える．$F(0) = 0$ で，任意の $\zeta \in D_\epsilon$ に対し $|F(\zeta)| \leq 12$ だから，シュワルツの補題より任意の $\zeta \in D_\epsilon$ に対し $y^2|\phi_{\mu+\zeta\nu}(z) - \phi_\mu(z)| \leq 12|\zeta|/\epsilon$ が成り立つ．単位ベクトル ν は任意だったから，$\sigma \in B$ で $\|\sigma\| < \epsilon$ なら $\|\phi_{\mu+\sigma} - \phi_\mu\| \leq 12\|\sigma\|/\epsilon$ が得られる．

---

[1] ［訳註］*Quasiconformal mappings in the plane*（第二版），O. Lehto and K. I. Virtanen 著，Springer 1973.
[2] ［訳註］*Univalent functions and Teichmüller spaces*, O. Lehto 著，Springer 1987. *The complex analytic theory of Teichüller spaces*, S. Nag 著．Wiley 1988.

付録　訳者による補足

補足説明 (I)

(1) 参考図書

本書を読むための基礎知識としては，基礎解析学の初等的な知識で十分である．そのような知識を得るための参考書は数多あるので，古典的名著を3冊だけ挙げておく．

- 高木貞治著，定本解析概論，岩波書店，2010.
- アールフォルス著，笠原乾吉訳，複素解析，現代数学社，1982.（原著は L. Ahlfors, *Complex Analysis*, McGraw-Hil, 1953 (3rd ed. 1979).）
- 伊藤清三著，ルベーグ積分入門，裳華房，1963.

なお，特に必要となる知識については，以下の補足説明にも追加してある．また本書の内容の，より現代的な解説書（邦書）として，以下の参考書も挙げておく．

- 今吉洋一・谷口雅彦共著，タイヒミュラー空間論（新版），日本評論社，2004.

(2) 先行論文

原著に先行するアールフォルス自身の論文

On quasiconformal mappings, J. Analyse Math., **3** (1953), pp 1–58;

138 付録 訳者による補足

Corrigendum, p208.

は，タイヒミュラーの主要定理に別証明を与えた記念碑的な論文である．アールフォルス自身は慎ましく「この論文の主たる目的はタイヒミュラーの主要定理に変分法的な証明を与えることである」と述べているが，実際にはタイヒミュラーの主要定理の一般化を与えている．その証明についてはタイヒミュラーの証明と同様の部分もあるが，「タイヒミュラーの原論文から夥しい『予想』の迷宮の中に韜晦したタイヒミュラー自身の完全で文句のつけようのない証明を取り出すことは相当な労力を必要とする」のでこの論文で自己充足的な証明を与えるとも書いている．この論文の刊行は，タイヒミュラーの主要定理が世界の数学界に認知される契機となったといってよいだろう．

さらに，この先行論文の第 1 章は擬等角写像論の導入に当てられていて，原著が書かれたころの擬等角写像研究に決定的な影響を与えた[1]．ただし，内容は簡潔かつ平易ではあっても本書とはかなり趣が異なる．特に，その定理 3 と定理 4 は基本的であるが本書では述べられていない．（補足説明 (III-7) も参照せよ．）

(3) 第二版の序文から

原著第二版の序文には，原著の内容と成立過程について簡明な説明がある．参考までにその部分を引用しておく．

このアールフォルス氏の古典は今も，大学院生のみならず，擬等角写像とタイヒミュラー空間の理論の基礎を学ぼうとする数学者たちに広く読み継がれている．そのような目的にこの本はまさにうってつけで，擬等角写像論の基礎を紹介する手際は見事である．最初の数章で，第 V 章と第 VI 章の主定理のために必要な事柄が過不足なく述べられている．同時に読者には，擬等角写像がどのように機能するかについての豊穣なイメージが与えられるのである．

---

[1] 原著の書かれた当時の標準的教科書である Künzi による *Quasikonforme Abbildungen* の出版が 1960 年，Lehto と Virtanen による *Quasikonforme Abbildungen* の出版は 1965 年である．

アールフォルス氏の解説が見事なまでに無駄がない理由の一つは，その内容が1学期のみの講義のものだからである．このハーバード大学での講義は1964年の春学期に行われた．それにしては驚くべき内容量である．たった1学期の間にアールフォルス氏は，擬等角写像の理論を何もないところから構築し，ベルトラミ方程式を自己完結的に解説し（第V章），タイヒミュラー空間の基本事項を紹介している．その中には Bers 埋め込みやタイヒミュラー曲線の説明まで含まれているのである．（第VI章を参照せよ．）

　その上アールフォルス氏は講義の中で，第III章B節では楕円積分を使った評価式を導き出し，第III章D節では今でも他にはほとんど文献を見つけられないタイヒミュラーの極値問題の解説を与えているのである．擬等角写像が2, 3次元幾何学，複素力学系，そして値分布論などでも重要性を認識されるようになったことで，比類なく効率的に擬等角写像の理論へ導いてくれる本書には今も新しい読者が生まれ続けている．このことは，この分野の神髄に最短で到達でき，かつ主要結果を最小限の準備で紹介できるアールフォルス氏の卓越した才能を如実に示している．

　この本の原型となった原稿はアールフォルス氏自身によって書かれた．大学での専門的な講義に際しては（手書きでしかも万年筆で）完全な講義録を書くことが彼の慣習で，そのような講義録は講義の後バインダーに止められて数学図書館の閲覧室に置かれ講義出席者の利便に供されていた．

　その慣習を知っていた Fred Gehring 氏は，彼と Paul Halmos 氏が編者となって当時開始された新しい Van Nostrand Mathematical Studies というペーパーバックシリーズから，1964年度春学期の講義録を刊行するようアールフォルス氏に勧めた．そこでアールフォルス氏は，彼が当時指導した大学院生で全課程を修了し1964年より少し前にハーバードから異動した（第二版編者のひとりである Clifford）Earle に，手書き原稿を編集し活字化することを依頼した．そうして出版された講義録はもとの原稿をできるだけ踏襲しているが，もちろんアールフォルス氏自身も読み返していくつかの提案された変更に同意を与えたものである．

補足説明 (II-1)

ϕ が C^1-級と仮定する. $0 \in \Omega$ とし 0 で主張を示せば十分である. 0 を左下の頂点とし,（第 I 章 A 節での議論での）長軸と短軸に対応する方向に辺が平行な正方形 R を考える. 簡単のために $R = [0,\delta] \times [0,\delta]$ としてよい. $\delta > 0$ を十分小さくすると，その像 $\phi(R)$ はほぼ長方形である. $\phi(R)$ 上で $\rho = 1$，それ以外で $\rho = 0$ とすると，モジュラスの極値的長さによる定義から[2]

$$m(\phi(R)) \geq \frac{(\delta(|\phi_z(0)| + |\phi_{\bar{z}}(0)|))^2 + o(\delta^2)}{\delta^2(|\phi_z(0)|^2 - |\phi_{\bar{z}}(0)|^2) + o(\delta^2)}$$

である. 左辺は仮定より $Km(R) = K$ 以下で，右辺は $\delta \to 0$ のとき,

$$\frac{|\phi_z(0)| + |\phi_{\bar{z}}(0)|}{|\phi_z(0)| - |\phi_{\bar{z}}(0)|}$$

に収束するから，求める主張を得る. □

補足説明 (II-2)

主張は，コンパクト性に関する標準的議論とモジュラスの定義のみから示せる.

まず，同相写像 f と閉長方形 $R = [a,b] \times [c,d]$ を固定し，その各点 $z \in R$ を中心とする一辺の長さ $\delta_z > 0$ の軸平行な開正方形 $D_0(z)$ で，$D_0(z)$ 内の任意の四稜形 Q と像 $f(Q)$ のモジュラス m, m' が $(1/K)m \leq m' \leq Km$ を満たすものが存在するとする（仮定の局所 qc 性である）.

このとき，各点 $z \in R$ を中心とする一辺の長さが $\delta_z/3$ の軸平行な開正方形 $D(z)$ を考えると，R はコンパクトなので有限個の $D(z)$ で覆えるが，そのような被覆を固定して $\{D_k\}$ とする. 次に，$[a,b]$ の各 x に対し，線分 $L_x = \{x\} \times [c,d]$ も有限個の $\{D_k\}$ で覆えるが，$D_k \cap L_x \neq \emptyset$ となるもののみからなる被覆を $\{D_{\ell,x}\}$ とする.

和集合 $\bigcup_\ell D_{\ell,x}$ は，長方形 $R_x = [x - \eta_x, x + \eta_x] \times [c,d]$ を含むが，開区間 $I_x = (x - \eta_x, x + \eta_x)$ の族は $[a,b]$ の開被覆だから，有限個の $x(n)$ で $I_{x(n)}$ が $[a,b]$ の被覆になっているものが選べる. したがって R を垂直線分で分割

---
[2] 第 I 章 D 節の例 1 も参照せよ.

して，得られた各閉長方形 R_m がある $I_{x(n)}$ に含まれるようにできる．$I_{x(n)}$ の被覆 $\{D_{\ell,x(n)}\}$ から得られる R_m の被覆を $\{D_{\ell,m}\}$ と略記する．

次に予備的に R_m を水平線分で細分して，各長方形 $R_{m,k}$ がどれか一つの $D_{\ell,m}$ に含まれるようにできる．必要なら R_m をさらに垂直線分で細分して，各 $R_{m,k}$ のモジュラスが $1/(2K)$ 未満であるとしてよい．

さて，R_m の像を軸平行な閉長方形 R'_m にうつすと，$R_{m,k}$ の像 $R'_{m,k}$ は局所 K-qc の仮定より，モジュラスが $1/2$ 未満の四稜形にうつる．したがってモジュラスの極値的長さによる定義から容易に，$R'_{m,k}$ は R'_m の b-辺（縦辺）を結ぶ水平線分 $J'_{m,k}$ を含むことが分かる[3]．したがって，その逆像 $J_{m,k}$ は $R_{m,k}$ に含まれる．

最後に，$R_m - \bigcup_k J_{m,k}$ の各連結成分に対応する四稜形 $Q_{m,k}$ は，隣り合う二つの $R_{m,k}$，したがって隣り合う二つの $D_{\ell,m}, D_{\ell',m}$ に含まれるが，一辺の長さが $D_{\ell,m} = D(z)$ の方が大きいとして，対応する $D_0(z)$ は $D_{\ell',m}$ を含むので，$Q_{m,k}$ とその像（閉長方形）のモジュラス $m.m'$ は $(1/K)m \leq m' \leq Km$ を満たす．したがって，この水平線分 $J'_{m,k}$ での分割を用いれば定理 1 の証明が完成する． □

補足説明 (II-3)

読者の便宜のために，以下で用いる実解析学の基本的事実をまとめておく．（証明は，補足説明 (I) で挙げた参考書にもある．）

定義 1 区間 $[a,b]$ 上の実数値連続関数 $f(x)$ が**絶対連続**であるとは，任意の $\epsilon > 0$ に対し，適当に $\delta > 0$ を取れば，$[a,b]$ 内の互いに共通点を持たない閉区間の有限集合 $\{I_n = [x_n, y_n]\}$ で $\sum_n (y_n - x_n) < \delta$ を満たすものに対して，常に $\sum_n |f(y_n) - f(x_n)| < \epsilon$ が成り立つことである．

絶対連続な関数に対しては，次の形の微分積分学の基本定理が成り立つ．

定理 1 $[a,b]$ 上で可積分な関数 $f(x)$ に対し，定積分

---

[3] 実際そうでないとすると，R'_m の b-辺を結ぶ水平線分 L で $R'_{m,k}$ の b-辺を分離するものが存在する．ここで R'_m の a-辺の長さは 1 としてよいが，このとき L との距離が 1 以下の $R'_{m,k}$ 上の点で $\rho = 1$，それ以外で $\rho = 0$ で定義される ρ を用いれば，定義より $R'_{m,k}$ のモジュラスが $1/2$ 以上であることが示せる．

$$F(x) = \int_a^x f(x)\,dx \quad (x \in [a,b])$$

は絶対連続で，ほとんどすべての点で微分可能かつ $F'(x) = f(x)$ が成り立つ．

逆に，区間 $[a,b]$ 上で絶対連続な連続関数 $f(x)$ はほとんどすべての点で微分可能である．その導関数を $f'(x)$ とすれば，$f'(x)$ は $[a,b]$ 上で可積分で

$$f(x) - f(a) = \int_a^x f'(x)\,dx \quad (x \in [a,b])$$

が成り立つ．

特に，通常の部分積分の公式が成り立つ．

系 1 $f(x), g(x)$ は $[a,b]$ 上絶対連続な連続関数とすると

$$[f(x)g(x)]_a^b = \int_a^b f(x)g'(x)\,dx + \int_a^b f'(x)g(x)\,dx$$

が成り立つ．

なお，ほとんどすべての点での微分可能性は，有界変動な連続関数であれば成り立つ（ルベーグの微分可能性定理）[4]．その系が，ルベーグの 1 次元密度定理である．

定理 2 (ルベーグの 1 次元密度定理) $\mathbb{R}$ の任意の可測集合 E に対し，E のほとんどすべての点 x_0 で

$$\lim_{\epsilon \to 0} \frac{\mathrm{meas}(E \cap [x_0 - \epsilon, x_0 + \epsilon])}{2\epsilon} = 1$$

が成り立つ．（ただし meas は 1 次元ルベーグ測度である．）

高次元の場合には，次の定理となる．

定理 3 (ルベーグの密度定理) $\mathbb{R}^n$ の任意の可測集合 E に対し，E のほとんどすべての点 x_0 で

---

[4] ただし，導関数の不定積分は一般にはもとの関数に一致しない．

$$\lim_{\epsilon \to 0} \frac{\operatorname{meas}(E \cap R_n)}{(2\epsilon)^n} = 1$$

が成り立つ．ただし R_n は x_0 を中心とする一辺の長さが 2ϵ の軸平行な n 次元閉立方体で，meas は n 次元ルベーグ測度である．

なお，これらの定理で，極限が 1 となる点 x_0 を集合 E の**密度点**という．

補足説明 (II-4)

まず考えている閉長方形 R の外で擬等角写像 ϕ に適当な関数を乗じて，ϕ は R を含む（もとの定義域 D 内で相対コンパクトな）開集合の外では 0 となるコンパクトな台を持つ $\mathbb{C}$ 上の連続関数としてよい．特に ϕ_x, ϕ_y は $\mathbb{C}$ 全体で L^2 としてよい．

さて，$|z| < 1/n$ に対して

$$\eta_n(z) = C_n \exp\left(-\frac{1}{1 - |nz|^2}\right)$$

それ以外では $\eta_n = 0$ と定義する．ただし，定数 C_n は

$$\iint_{\mathbb{C}} \eta_n(z)\, dx\, dy = 1$$

となるように定める．このとき，次の補題が成り立つので求める主張を得る．

補題 1

$$\phi_n(w) = \eta_n * \phi(w) = \iint_{\mathbb{C}} \eta_n(w - z)\phi(z)\, dx\, dy$$

とすると，任意の n に対し $\phi_n(z)$ は C^∞-級でコンパクトな台を持ち，$n \to \infty$ のとき ϕ_n は ϕ に一様収束する．さらに

$$(\phi_n)_x = \eta_n * \phi_x, \quad (\phi_n)_y = \eta_n * \phi_y$$

で，$n \to \infty$ のとき

$$\iint_{\mathbb{C}} |\phi_x - (\phi_n)_x|^2\, dx\, dy \to 0, \quad \iint_{\mathbb{C}} |\phi_y - (\phi_n)_y|^2\, dx\, dy \to 0$$

が成り立つ．

証明 十分大きい n のみを考える. まず

$$|\phi_n(w) - \phi(w)| \leq \iint_{\mathbb{C}} \eta_n(z)|\phi(w-z) - \phi(w)|\, dx\, dy$$

より,最初の主張を得る.第二の主張は定義から明らかだろう.

最後の主張はたとえば,

$$|(\phi_n)_u(w) - \phi_u(w)|^2 \leq \iint_{\mathbb{C}} \eta_n(z)|\phi_u(w-z) - \phi_u(w)|^2\, dx\, dy$$

を用いた不等式

$$\iint_{\mathbb{C}} |(\phi_n)_u(w) - \phi_u(w)|^2\, du\, dv$$
$$\leq \iint_{\mathbb{C}} \eta_n(z) \left(\iint_{|z| \leq 1/n} |\phi_u(w-z) - \phi_u(w)|^2\, du\, dv \right) dx\, dy$$

などから分かる.実際,$f \in L^2$ なら次の定理が成り立つ. □

補題 2(ルベーグ) 任意の $f \in L^2$ に対し

$$\int_{\mathbb{C}} |f(w-z) - f(w)|^2\, du\, dv \to 0 \quad (z \to 0).$$

補足説明 (III-1)

まず,本文ですぐ後に用いられている Koebe の歪曲定理から述べる.

定理 4(Koebe の歪曲定理) 単位円板で正則かつ単葉(すなわち,単射)な関数 $f(z)$ が $f(0) = 0,\ f'(0) = 1$ を満たすとすると,$|z| = r < 1$ を満たす任意の z に対し

$$\frac{r}{(1+r)^2} \leq |f(z)| \leq \frac{r}{(1-r)^2}$$

$$\frac{1-r}{(1+r)^3} \leq |f'(z)| \leq \frac{1+r}{(1-r)^3}$$

が成り立つ.

さらに,どれか一つの等号が成り立つのは,$f(z) = \frac{z}{(1-\alpha z)^2}$ と表される関数(Koebe 関数)のとき,かつそのときに限る.ただし $|\alpha| = 1$ とする.

この定理から直ちに次の系を得る．

系 2（Koebe の 1/4 定理） 単位円板で正則かつ単葉な関数 $f(z)$ が $f(0) = 0$, $f'(0) = 1$ を満たすとすると，$w = f(z)$ による単位円板の像は，円板 $\{|w| < 1/4\}$ を含む[5]．

さて，歪曲定理の証明のために，次の（これも有名な）定理を示す[6]．

補題 3 単位円板で正則かつ単葉な関数 $f(z) = z + a_2 z^2 + \cdots$ に対し $|a_2| \leq 2$ である．

証明 $F(z) = \sqrt{f(z^2)} = z + (a_2/2)z^2 + \cdots$ とすると，$F(z)$ も単位円板で正則単葉である．

$$\frac{1}{F(1/z)} = z - \sum_{k=1}^{\infty} \frac{b_k}{z^k}$$

とすると，左辺の関数は $\{|z| > 1\}$ で正則単葉で，その補集合の面積を係数で表せば $\pi(1 - \sum_{k=1}^{\infty} k|b_k|^2)$ なので[7]，$b_1 = a_2/2$ より主張を得る． □

（歪曲定理の証明）$0 < |z| = r < 1$ を固定して

$$g(w) = \frac{f\left(\frac{w+z}{1+\overline{z}w}\right) - f(z)}{f'(z)(1 - r^2)}$$

とすれば，これは単位円板上で正則単葉で $g(0) = 0$ かつ

$$g'(w) = \frac{f'\left(\frac{w+z}{1+\overline{z}w}\right)}{f'(z)(1+\overline{z}w)^2},$$

$$g''(w) = f''\left(\frac{w+z}{1+\overline{z}w}\right) \frac{1-r^2}{f'(z)(1+\overline{z}w)^4} + f'\left(\frac{w+z}{1+\overline{z}w}\right) \frac{-2\overline{z}}{f'(z)(1+\overline{z}w)^3}$$

---

[5] Koebe 関数 $f(z) = z/(1-z)^2$ の場合には，半径 1/4 以上の円板を含み得ないから，1/4 は最良である．
[6] この定理から派生した Bieberbach 予想は de Branges により肯定的に証明された．
[7] Gronwall の（原著では「Bieberbach の」）面積定理と呼ばれる．第 VI 章 B 節の補題 3 の証明も参照せよ．

である．したがって $g'(0) = 1$ で，上の補題から

$$|g''(0)| = \left|\frac{f''(z)(1-r^2)}{f'(z)} - 2\bar{z}\right| \leq 4$$

あるいは，書き換えて

$$\left|\frac{zf''(z)}{f'(z)} - \frac{2r^2}{1-r^2}\right| \leq \frac{4r}{1-r^2}$$

を得る．

特に $|z| = r$ 上で半径方向の微分を考えれば（具体的には，局所変数 $t = \log z$ で微分すれば）

$$\frac{2r^2 - 4r}{1-r^2} \leq \operatorname{Re}\frac{zf''(z)}{f'(z)} = \frac{d\log|f'(z)|}{d\log r} \leq \frac{2r^2 + 4r}{1-r^2}$$

である．したがって半径に沿って積分すれば

$$\frac{1-r}{(1+r)^3} \leq |f'(z)| \leq \frac{1+r}{(1-r)^3}$$

を得る．もう一度半径に沿って積分すれば容易に $|f(z)| \leq \frac{r}{(1-r)^2}$ が示せる．

最後に $\{|z| = r_0 < 1\}$ 上で $|f(z)|$ が最小となる点を z_1 とする．原点と $f(z_1)$ を線分で結び，その逆像を ℓ とすると

$$|f(z_1)| = \int_\ell |f'(z)|\,dr \geq \int_0^{r_0} \frac{1-r}{(1+r)^3}\,dr = \frac{r_0}{(1+r_0)^2}$$

が得られ，証明が終わる．（なお，与えられた関数で等号が成り立つことは明らかである．必要性の証明は読者に任せる．） □

補足説明 (III-2)

まず，$\omega_1 = 1, \omega_2 = \tau$ としてよい．このとき，

$$e_3 - e_1 = \sum_{m,n}\left(\frac{1}{\left(m - \frac{1}{2} + \left(n - \frac{1}{2}\right)\tau\right)^2} - \frac{1}{\left(m - \frac{1}{2} + n\tau\right)^2}\right)$$

$$e_2 - e_1 = \sum_{m,n}\left(\frac{1}{\left(m + \left(n - \frac{1}{2}\right)\tau\right)^2} - \frac{1}{\left(m - \frac{1}{2} + n\tau\right)^2}\right)$$

である．（これらの二重級数が収束し τ が純虚数なら実数になることは明ら

かである.)

まず, m に関して和を取り, 等式

$$\frac{\pi^2}{\sin^2 \pi z} = \sum_m \frac{1}{(z-m)^2}$$

$$\frac{\pi^2}{\cos^2 \pi z} = \sum_m \frac{1}{\left(z-\left(m+\frac{1}{2}\right)\right)^2}$$

を用いると,

$$e_3 - e_1 = \pi^2 \sum_n \left(\frac{1}{\cos^2 \pi \left(n-\frac{1}{2}\right)\tau} - \frac{1}{\cos^2 \pi n \tau} \right)$$

$$e_2 - e_1 = \pi^2 \sum_n \left(\frac{1}{\sin^2 \pi \left(n-\frac{1}{2}\right)\tau} - \frac{1}{\cos^2 \pi n \tau} \right)$$

が成り立つ.

ここで, $\mathrm{Im}\,\tau \to +\infty$ のとき, $|\cos n\pi\tau|$ や $|\sin n\pi\tau|$ は, $e^{|n|\pi \mathrm{Im}\,\tau}$ と一様に比較できるので, $\mathrm{Im}\,\tau \to +\infty$ のとき一様に

$$e_3 - e_1 \to -\pi^2, \quad e_2 - e_1 \to -\pi^2$$

が成り立つ.

補足説明 (III-3)

τ 平面の図で, 基本領域

$$\{\mathrm{Im}\,\tau > 0,\ |\mathrm{Re}\,\tau| < 1,\ |\tau \pm 1/2| > 1/2\}$$

の中央にある虚軸の上半分が ($0, \infty$ も込めて) ρ 平面の閉区間 $[0,1]$ に連続にうつされることはすでに示した. 基本関係式 (8) より, 「閉」半直線 $\{1+it \mid t \geq 0\} \cup \{\infty\}$ は「閉」半直線 $\{x \geq 1\} \cup \{\infty\}$ にうつされ, 閉半円 $\{|\tau - 1/2| = 1/2,\ \mathrm{Im}\,\tau \geq 0\}$ は「閉」半直線 $\{x \leq 0\} \cup \{\infty\}$ にうつされる. 全体として, 斜線部の領域の境界と $\mathbb{R} \cup \{\infty\}$ との間の同相写像を与えることも明らかである. したがって (一般化された) 偏角原理より, この対応 $\tau \to \rho$ は斜線部の領域から下半平面の上への全単射正則写像, すなわち

等角写像である．

さらに鏡像原理より，$\rho(\tau)$ は基本領域から水平截線領域 $\mathbb{C} - (-\infty, 0] \cup [1, +\infty)$ の上への等角写像である．

補足説明 (III-4)

まず，
$$f(\tau) = \log(\rho(\tau) - 1)$$
は，基本領域上の正則関数として一価に定まる（一価性定理）．したがって
$$\frac{\partial}{\partial s}\log|\rho - 1| = \operatorname{Re}\frac{\partial}{\partial s}f(\tau) = \operatorname{Re}\frac{\rho'(\tau)}{\rho(\tau) - 1}$$
である．さらに ∞ での $e^{\pi i \tau}$ による（(12) 式にある）展開は，より正確には基本領域内から $\operatorname{Im}\tau \to +\infty$ のとき
$$\rho(\tau) - 1 = -ae^{\pi i \tau} + o(e^{-\pi \operatorname{Im}\tau}) \quad (a > 0)$$
を意味している．特に
$$\frac{\rho'(\tau)}{\rho(\tau) - 1} = \frac{a\pi i e^{\pi i \tau} + o(e^{-\pi \operatorname{Im}\tau})}{ae^{\pi i \tau} + o(e^{-\pi \operatorname{Im}\tau})} = \pi i + o(1)$$
を得る．すなわち
$$\frac{\partial}{\partial s}\log|\rho - 1| \to 0 \quad (t \to \infty)$$
が得られる．

他の「尖点」でも同様である．まず（基本領域の中から）$\tau \to 0$ のときは $\omega = -1/\tau$, $\tilde{\rho}(\omega) = \rho(-1/\tau)$ とすると，$\operatorname{Im}\omega \to +\infty$ で
$$\tilde{\rho}(\omega) = 1 - \rho(\tau)$$
だから
$$\frac{\rho'(\tau)}{\rho(\tau) - 1} = \frac{\omega^2 \tilde{\rho}'(\omega)}{\tilde{\rho}(\omega)} = \frac{O(|\omega|^2 e^{-\pi \operatorname{Im}\omega})}{1 + o(1)} = o(1)$$
となり主張を得る．次に（斜線部分の中から）$\tau \to 1$ のときは $\omega = -1/(\tau - 1)$, $\tilde{\rho}(\omega) = \rho(-1/(\tau - 1))$ とすると，1 の近くの斜線部分は ∞

の近くの斜線部分にうつり，特に $\operatorname{Im}\omega \to +\infty$ で

$$\tilde{\rho}(\omega) = 1 - \frac{1}{\rho(\tau)}$$

である．したがって

$$\begin{aligned}
\frac{\rho'(\tau)}{\rho(\tau)-1} &= \frac{\omega^2 \tilde{\rho}'(\omega)(1-\tilde{\rho}(\omega))^{-2}}{\tilde{\rho}(\omega)(1-\tilde{\rho}(\omega))^{-1}} \\
&= \frac{\omega^2(-a\pi i e^{\pi i \omega} + o(e^{-\pi \operatorname{Im}\omega}))}{a e^{\pi i \omega} + o(e^{-\pi \operatorname{Im}\omega})} = -\pi i \omega^2 + o(1)
\end{aligned}$$

となる．したがって $\omega = u + iv$ として，$v \to \infty$ のときの主要項 $-\pi i \omega^2$ の実部は，斜線部分では $2\pi uv > 0$ なので主張を得る．

補足説明 (III-5)

$$1 - \rho = 16q \prod_1^\infty \left(\frac{1+q^{2n}}{1+q^{2n-1}}\right)^8$$

で ρ を $1/\rho$ に取り換えると，q は $-q$ に変わるから

$$\begin{aligned}
\rho &= (\rho-1)\frac{-1}{16q} \prod_1^\infty \left(\frac{1+q^{2n}}{1-q^{2n-1}}\right)^{-8} \\
&= \prod_1^\infty \left(\frac{1+q^{2n}}{1+q^{2n-1}} \frac{1-q^{2n-1}}{1+q^{2n}}\right)^8 \\
&= \prod_1^\infty \left(\frac{1-q^{2n-1}}{1+q^{2n-1}}\right)^8
\end{aligned}$$

である．

補足説明 (III-6)

本文 C 節の定理 2 では（一般の領域で）2 点での正規化条件のもとで述べられているが，補足説明 (I) で引用した先行論文では次の形の定理が定理 5 として述べられている[8]．

---

[8] アールフォルスによれば，この定理は，Grötzsch には既知でなかったとしても，タイヒミューラーには間違いなく知られていた．

150　付録　訳者による補足

「単位円板 $\{|z|<1\}$ から $\{|\zeta|<1\}$ の上への qc 写像 $\phi(z)$ の最大歪曲度が K 以下であるとし，z_1, z_2 の像を ζ_1, ζ_2 とする．

まず $|\phi(0)|\leq\rho<1$ ならば，K と ρ のみに依存する定数 M で

$$|\zeta_1-\zeta_2|\leq M|z_1-z_2|^{1/K}$$

が任意の z_1, z_2 に対し成り立つものが存在する．

次に $\min\{|z_1|,|z_2|\}\leq\rho<1$ ならば，$\{|z|<1\}$ から $\{|\zeta|<1\}$ の上への任意の qc 写像に対して同様の一様評価が成り立つ．」

なお，先行論文でのこの事実の証明は簡明である．たとえば，後半の場合でさらに（正規化条件）$z_2=\zeta_2=0$ を満たすときには，以下のような議論で示している．

証明　まず単位円板を保つ一次分数変換を合成して，点 $z_1, 0$ と $\zeta_1, 0$ を z_0, $-z_0$ と $\zeta_0, -\zeta_0$ の形の位置にうつせる．このとき

$$\frac{2|z_0|}{1+|z_0|^2}=|z_1|$$

で，ζ_0 についても同様の等式が成り立つ．したがって特に

$$|z_0|<|z_1|,\quad |\zeta_0|>\frac{|\zeta_1|}{2}$$

が成り立つ．

そこで，それぞれ $\pm z_0, \pm\zeta_0$ で分岐する $\{|z|<1\}, \{|\zeta|<1\}$ の 2 葉の被覆面を考えると，それらは同心円環と等角同値だが，それぞれのモジュラスを μ, μ' とする．$\{|z|<1\}$ から $\{|\zeta|<1\}$ の上への写像 ϕ は，これら 2 葉の被覆面の間の同相写像に持ち上がり，同じ最大歪曲度を持つ円環間の qc 写像を定める．したがって $\mu'\leq K\mu$ が成り立つ．

ここで，モジュラス μ, μ' は正確に計算できるが，証明のためには簡単な評価で十分である．たとえば，楕円領域上の焦点で 2 葉に分岐する被覆面のモジュラスを使えば，簡単な評価が次のように容易に得られる．すなわち $\{|z|<1\}$ に含まれる最大の楕円領域，および $\{|\zeta|<1\}$ を含む最小の楕円領域と比較すれば

$$\mu > \log \frac{1 + \sqrt{1 - |z_0|^2}}{|z_0|} > \log \frac{1}{|z_0|}$$

$$\mu' < \log \frac{1 + \sqrt{1 + |\zeta_0|^2}}{|\zeta_0|} < \log \frac{3}{|\zeta_0|}$$

が得られるから，$\log(1/|z_0|) < K \log(3/|\zeta_0|)$，したがって $|\zeta_0| < 3|z_0|^{1/K}$ が分かる．最初の評価式と合わせれば

$$|\zeta_1| < 6|z_1|^{1/K}$$

が示せた． □

補足説明 (III-7)

原点の近傍 V の同相写像 $f(z)$ が V から実軸を除いた開集合上で qc 写像である場合に，V 全体で qc であることの証明を与えれば十分である．

証明 さて，第 II 章の最後にある

$$A \Rightarrow B$$

の証明は，軸平行な閉長方形 R に含まれる任意の閉四稜形の歪曲度が K 以下なら R 上で ACL であることを示している．

一方，極値的長さによるモジュラスの定義から，軸平行な閉長方形に対し，その内部に含まれる任意の四稜形の歪曲度が K 以下なら R 自身の歪曲度も K 以下であることが容易に分かる．（以下に述べる先行論文の定理 3 とその証明を参照せよ．）

したがって，一辺が実軸上にある軸平行な閉長方形 R に対しても R に含まれる任意の四稜形の歪曲度が K 以下であることが分かり，R 上でのACL 性が示せた．実軸をまたぐ軸平行な閉長方形の場合でも，このような二つの軸平行な閉長方形の和集合だから，その上での ACL 性が容易に分かる． □

さて，補足説明 (I) で引用した先行論文では，上述のような「モジュラス

の連続性」を定理 3 として次のように述べている.

「四陵形 Q が,Q の内部での最大歪曲度が K の写像で Q' にうつされるとき,それらのモジュラスは $m' \leq Km$ を満たす.」

しかも,その証明は以下のように簡単である.

証明 長方形 R,R' の場合に考えれば十分であるが,それらの辺の長さをそれぞれ a,b および a',b' とする.R 内に,少し小さい相似な長方形 R_0 を選ぶ.R_0 を十分大きく選べば,b-辺の像は幅 $a' - \epsilon$ の帯領域で分離される.したがって定義より,像 R'_0 のモジュラスは $m'_0 \geq (a' - \epsilon)/b'$ を満たす.すなわち
$$\frac{(a' - \epsilon)}{b'} \leq m'_0 \leq Km_0 = \frac{Ka}{b}$$
が成り立つ.ここで ϵ を 0 に収束させれば,求める不等式 $a'/b' \leq Ka/b$ を得る. □

さらにこの事実を用いれば,補足説明 (I) で引用した先行論文の定理 4 (解析曲線の除去可能定理[9]) も容易に示せる.この除去可能性定理を用いてもよい.

補足説明 (III-8)

関数族が **正規族** であるとは,その族の関数からなる任意の関数列が,常にコンパクト一様収束する部分列を含むことである.

このとき,「正規性」に関する主張は以下のように述べられる.(補足説明 (I) で挙げた先行論文の定理 6 である.)

「単位円板 $\{|z| < 1\}$ から $\{|\zeta| < 1\}$ の上への最大歪曲度が K 以下の擬等角写像 $\zeta = \phi(z)$ 全体は正規族をなす.極限関数はまたこの族に属すか絶対値 1 の定数関数である.」

これらの主張のうち正規性は(本文 C 節の定理 1 の証明と同様の議論で)

---

[9] すなわち,「同相写像が解析曲線を除いた領域で K-qc なら,領域全体においても K-qc である」という定理である.

一様 Hölder 連続性から直ちに示せ，また標準的な議論により，任意の極限関数は絶対値が 1 より小さいか，絶対値 1 の定数であることも分かる．さらに前者の場合には，定理 1 の証明と同様にして極限関数が同相写像であることも分かる．

最後に，そのような極限関数の最大歪曲度が K 以下であることは，次のように「モジュラスの連続性」を用いれば容易に分かる．

証明 族内の関数列 $\{\phi_n(z)\}$ が極限関数 $\phi^*(z)$ に収束するとする．四稜形 Q を固定し，その $\phi_n(z)$ による像を Q'_n，$\phi^*(z)$ による像を Q' とする．$\phi_n(z)$ や $\phi^*(z)$ を Q 上でのみ考えることにすれば，Q は辺の長さ a, b の長方形 R としてよい．さらに，Q' は辺の長さ a', b' の長方形 R' と（四稜形として）等角同値であるとする．R 内の相似な長方形 R_0 を十分 R に近く取れば，$\phi^*(z)$ による R_0 の辺の像を R' への等角写像でうつすとき，その像は R' の辺との距離が任意に与えられた ϵ 以内であるような部分に収まるようにできる．さらに n が十分大きいなら R_0 の $\phi_n(z)$ による像は Q' に含まれるので，R' 内の四稜形 Q'_{0n} とみなせる．十分大きい n のみを考えれば，その b-辺の像が，幅 $a' - 4\epsilon$ の帯領域で分離されるとしてよい．このとき Q'_{0n} のモジュラスは $(a' - 4\epsilon)/b'$ 以上であるから，$(a' - 4\epsilon)/b' \leq Ka/b$ である．したがって $a'/b' \leq Ka/b$ が得られて証明が終わる． □

補足説明 (III-9)

まず，
$$M(s) = \frac{s + s_1}{1 + \overline{s_1} s}$$

として，
$$f(s) = \frac{z \circ M(s) - z \circ M(0)}{z'(s_1)(1 - |s_1|^2)}$$

に歪曲定理（補足説明 (III-1)）を使うと，
$$M\left(\frac{s_2 - s_1}{1 - \overline{s_1} s_2}\right) = s_2$$

より

154　付録　訳者による補足

$$\left| f\left(\frac{s_2 - s_1}{1 - \overline{s_1} s_2} \right) \right| \geq \left| \frac{s_2 - s_1}{1 - \overline{s_1} s_2} \right| \left(1 + \left| \frac{s_2 - s_1}{1 - \overline{s_1} s_2} \right| \right)^{-2}$$

が成り立つ．$|s_1|, |s_2| \leq r_0$ だから

$$|z_1 - z_2| \geq \frac{|z'(s_1)|(1 - |s_1|^2)}{4} \left| \frac{s_1 - s_2}{1 - s_1 \overline{s_2}} \right| \geq C |z'(s_1)| |s_1 - s_2|$$

を得る．

次に，

$$f(s) = \frac{z(s) - z(0)}{z'(0)}$$

に歪曲定理を使うと，($|s| \leq r_0$ なら)

$$|f(s)| \leq \frac{|s|}{(1 - |s|)^2} \leq \frac{1}{(1 - r_0)^2},$$

$$|f'(s)| \geq \frac{1 - |s|}{(1 + |s|)^3} \geq \frac{1 - r_0}{8}$$

だから

$$|z'(s_1)| = |f'(s_1)||z'(0)| \geq C_0 |z'(0)|,$$
$$|a_2 - a_1| = |f(\alpha)||z'(0)| \leq C' |z'(0)|$$

を得る[10]．

もう一つの不等式についても，歪曲定理から同様に示せる．まず

$$f(w) = \frac{\zeta(w) - \zeta(0)}{\zeta'(0)}$$

に歪曲定理のもう一方の不等式を使うと，($|w| \leq \rho_0$ なら)

---

[10]　ここで $z(0) = a_1$, $z(\alpha) = a_2$; $\zeta(0) = b_1$, $\zeta(\beta) = b_2$ である．

$$|f'(w)| \leq \frac{1+|w|}{(1-|w|)^3} \leq \frac{2}{(1-\rho_0)^3},$$

$$|f(\beta)| \geq \frac{|\beta|}{(1+|\beta|)^2} \geq \frac{\beta'_0}{4}$$

だから[11]

$$|\zeta'(w)| = |f'(w)||\zeta'(0)| \leq \tilde{C}_0|\zeta'(0)|,$$
$$|b_2 - b_1| = |f(\beta)||\zeta'(0)| \geq \tilde{C}'|\zeta'(0)|$$

を得る．すなわち $|w| \leq \rho_0$ なら

$$|b_2 - b_1| \geq \frac{\tilde{C}'}{\tilde{C}_0}|\zeta'(w)|$$

が成り立つ．したがって，w_1 と w_2 を線分 L で結べば

$$|\zeta_1 - \zeta_2| = \left|\int_L \zeta'(w)\,dw\right| \leq |b_2 - b_1|\frac{\tilde{C}_0}{\tilde{C}'}|w_2 - w_1|$$

が得られる．

最後に逆関数については，以上と同様の議論で逆向きの不等式を示せばよい．

補足説明 (IV-1)

$h(t)$ が単調増加で $h(0) = 0$, $h(1) = 1$ であることと $\frac{1}{M+1} \leq h\left(\frac{1}{2}\right)$ から

$$\frac{1}{2(M+1)} \leq \int_{1/2}^1 h(t)\,dt \leq \int_0^1 h(t)\,dt$$

である．さらに $h\left(\frac{1}{2}\right) \leq \frac{M}{M+1}$ から

$$\int_0^1 h(t)\,dt \leq \int_0^{1/2} h(t)\,dt + \frac{1}{2} \leq \frac{2M+1}{2(M+1)}$$

である．

---

[11] ここで $\beta \geq \beta'_0 > 0$ を満たす α のみに依存する定数 β'_0 を用いたが，これは $|\alpha| \leq 16|\beta|^{1/K}$ から直ちに分かる．

補足説明 (IV-2)

まず，A節の (6) 式で $n < 0$ のときに対応する評価式

$$\left(\frac{M+1}{M}\right)^n \leq h(2^n) \leq (M+1)^n$$

が成り立つので，$2^n \leq y \leq 2^{n+1}$ のとき

$$\frac{1}{y}\int_0^y h(t)\,dt \geq \frac{1}{2^{n+1}}\sum_{k=0}^{n-1}(2^{k+1}-2^k)\left(\frac{M+1}{M}\right)^k$$

$$= \frac{1}{2^{n+1}}\sum_{k=0}^{n-1}\left(\frac{2(M+1)}{M}\right)^k = \frac{M}{2(M+2)}\left(\left(\frac{M+1}{M}\right)^n - \frac{1}{2^n}\right)$$

となる．したがって $n \to \infty$ のとき右辺は $+\infty$ に発散する．$x \leq 0$ のときも同様である．

補足説明 (IV-3)

$$|\zeta - \zeta'| \geq C^{-4}e^{-2\pi}|\zeta_2 - \zeta_1|$$

という評価式の証明に (2) 式は使えない．しかし $\lambda_2 = 1$ から出発した同様の議論により

$$C^{-2}e^{-2\pi} \leq \left|\frac{\zeta_2 - \zeta_1}{\zeta_3 - \zeta_1}\right| \leq C^2 e^{2\pi}$$

が得られる[12]．したがって α_2 と β_2 との距離は $C^{-4}e^{-2\pi}|\zeta_2 - \zeta_1|$ 以上となることが分かる．

そこで

$$M_1 = C|\zeta_2 - \zeta_1|, \quad M_2 = C^{-4}e^{-2\pi}|\zeta_2 - \zeta_1|$$

とおくと，もとの証明がそのまま成り立つ[13]．

---

[12] 実際，$\alpha_2, \beta_2, \zeta_2$ を $\alpha_1, \beta_1, \zeta_1$ に置き換えれば，原著と同じ議論で $\lambda_1 > 1$ が導かれるが，これも仮定に反する．

[13] なお，原著のように $|\zeta_2 - \zeta_3|$ を使うなら，(2) 式より $|\zeta_1 - \zeta_2| \geq C^{-2}e^{-2\pi}|\zeta_2 - \zeta_3|$ だから，たとえば

$$M_1 = C|\zeta_2 - \zeta_3|, \quad M_2 = C^{-6}e^{-4\pi}|\zeta_2 - \zeta_3|$$

でよい．

補足説明 (V-1)

任意の $0 < \epsilon < R$ に対し

$$\iint_{\epsilon < |z-\zeta| < R} \frac{1}{(z-\zeta)^2} \, dx \, dy = \int_\epsilon^R \left(\int_0^{2\pi} \frac{1}{r^2 e^{2i\theta}} \, d\theta \right) r \, dr = 0$$

だから,$h \in C_0^2$ の台が $\{|z-\zeta| < R\}$ に含まれるとして

$$Th(\zeta) = \lim_{\epsilon \to 0} -\frac{1}{\pi} \iint_{\epsilon < |z-\zeta| < R} \frac{h(z) - h(\zeta)}{(z-\zeta)^2} \, dx \, dy$$

と表せる.右辺の被積分関数は $z \to \zeta$ のとき $O(1/|z-\zeta|)$ となり,可積分である.

補足説明 (V-2)

$h \in C_0^1$ ならば

$$\begin{aligned}
Ph(\zeta) &= -\frac{1}{\pi} \iint h(z) \left(\frac{1}{z-\zeta} - \frac{1}{z} \right) dx \, dy \\
&= -\frac{1}{\pi} \iint \frac{h(z+\zeta)}{z} \, dx \, dy - \frac{1}{\pi} \iint \frac{h(z)}{z} \, dx \, dy
\end{aligned}$$

と分離できるので

$$(Ph)_\zeta(\zeta) = -\frac{1}{\pi} \iint \frac{h_z(z+\zeta)}{z} \, dx \, dy = -\frac{1}{\pi} \iint \frac{h_z(z)}{z-\zeta} \, dx \, dy$$

である.特に

$$P(h_z)(\zeta) = (Ph)_\zeta(\zeta) - (Ph)_\zeta(0)$$

が成り立つ.$\bar\zeta$-微分についても同様に

$$(Ph)_{\bar\zeta}(\zeta) = -\frac{1}{\pi} \iint \frac{h_{\bar z}(z)}{z-\zeta} \, dx \, dy,$$

$$P(h_{\bar z})(\zeta) = (Ph)_{\bar\zeta}(\zeta) - (Ph)_{\bar\zeta}(0)$$

が得られる.さらに (6) 式が示せれば (9) 式も得られる.

補足説明 (V-3)

滑らかな曲線 C で囲まれた有界な平面領域 D と，$D \cup C$ を含む領域上で C^1-級の関数 $P(z)$ に対し，次の複素形のグリーン（原著では「ストークス」）の公式が成り立つ．

定理 5

$$\iint_D P_z \, dx \, dy = \frac{-1}{2i} \int_C P \, d\bar{z}$$

$$\iint_D P_{\bar{z}} \, dx \, dy = \frac{1}{2i} \int_C P \, dz$$

特に，$P = uv$ のときは，次の部分積分の公式を得る．

系 3

$$\iint_D u v_{\bar{z}} \, dx \, dy = \frac{1}{2i} \int_C uv \, dz - \iint_D u_{\bar{z}} v \, dx \, dy$$

$$\iint_D u v_z \, dx \, dy = \frac{-1}{2i} \int_C uv \, d\bar{z} - \iint_D u_z v \, dx \, dy$$

なお，$P_z \, dx \, dy$, $P_{\bar{z}} \, dx \, dy$ はそれぞれ，$\frac{-1}{2i} dP \wedge d\bar{z}$, $\frac{1}{2i} dP \wedge dz$ とも表される．また，原著では $\frac{-1}{2i} dP \, d\bar{z}$, $\frac{1}{2i} dP \, dz$ が用いられている．

補足説明 (V-4)

まず直前の不等式より

$$\|f_z - g_z\|_p \leq \frac{C_p}{1 - kC_p} \|(\mu - \nu) f_z\|_p$$

が得られるが，以下に述べるルベーグの収束定理より，$\mu \to \nu$ のとき左辺 $\to 0$ を得る．

さらに (2) 式と A 節の (3) 式より

$$|f(z) - g(z)| \leq K_p (\|(\mu - \nu) f_z\|_p + k \|f_z - g_z\|_p) |z|^{1 - 2/p}$$

だから，第二の主張を得る．

定理 6（ルベーグの収束定理） 集合 E 上で f にほとんどすべての点で収束する可測関数列 $\{f_n\}$ に対し，E 上可積分な非負関数 g で

$$|f_n| \leq g \quad (E\text{ 上ほとんどすべての点で})$$

を満たすものが存在すれば（f や各 f_n は可積分で）

$$\lim_{n\to\infty} \iint_E f_n\, dx\, dy = \iint_E f\, dx\, dy$$

が成り立つ．

特に E の面積が有限であれば，集合 E 上で f にほとんどすべての点で収束する有界可測関数列 $\{f_n\}$ に対し

$$\lim_{n\to\infty} \iint_E f_n\, dx\, dy = \iint_E f\, dx\, dy$$

が成り立つ[14]．

補足説明 (V-5)

p が連続とすると，($w = u + iv$ とし h を実数として) たとえば

$$(p * \delta_\epsilon)_u(w) = \lim_{h\to 0} \frac{1}{h} \iint_{\mathbb{C}} p(z)\left(\delta_\epsilon(w+h-z) - \delta_\epsilon(w-z)\right) dx\, dy$$

である．右辺は，$h > 0$ なら

$$B^+ = \left\{ u + \sqrt{\epsilon^2 - (y-v)^2} \leq x \leq u + h + \sqrt{\epsilon^2 - (y-v)^2} \right\},$$

$$B^- = \left\{ u - \sqrt{\epsilon^2 - (y-v)^2} \leq x \leq u + h - \sqrt{\epsilon^2 - (y-v)^2} \right\}$$

として

$$\lim_{h\to 0} \frac{1}{h} \left(\iint_{B^+} p(z)\, dx\, dy - \iint_{B^-} p(z)\, dx\, dy \right)$$

と表せる．$h < 0$ のときは

---

[14] この主張は有界収束定理とも呼ばれる．

$$\tilde{B}^+ = \left\{ u + h + \sqrt{\epsilon^2 - (y-v)^2} \leq x \leq u + \sqrt{\epsilon^2 - (y-v)^2} \right\},$$

$$\tilde{B}^- = \left\{ u + h - \sqrt{\epsilon^2 - (y-v)^2} \leq x \leq u - \sqrt{\epsilon^2 - (y-v)^2} \right\}$$

として

$$\lim_{h \to 0} \frac{1}{h} \left(\iint_{\tilde{B}^+} p(z)\, dx\, dy - \iint_{\tilde{B}^-} p(z)\, dx\, dy \right)$$

と表せる．いずれの場合も $h \to 0$ のとき

$$\int_{\{w+\epsilon e^{i\theta} \mid |\theta| \leq \pi/2\}} p(z)\, dy - \int_{\{w+\epsilon e^{i\theta} \mid |\theta-\pi| \leq \pi/2\}} p(z)\, dy$$

に収束する．したがって $p * \delta_\epsilon \in C^1$ が分かる．p が C^1-級なら $p * \delta_\epsilon \in C^2$ であることは標準的な議論で容易に示せる．

補足説明 (V-6)

$|z|$ が十分小さければ $|\check{f}(z)| > m|z|^K$ の形の評価が，（0 に十分近い）t について一様に成り立つことを示そう．

まず，$\mu_{\check{f}}$ を単位円板に制限したものを μ とし，$\{|z| > 1\}$ 上に

$$\tilde{\mu}(z) = \overline{\mu\left(\frac{1}{\bar{z}}\right)} \frac{z^2}{\bar{z}^2}$$

により拡張したものを $\tilde{\mu}$ とする．$\tilde{\mu}$ に対応する正規化された擬等角写像を h とし，$g = \check{f} \circ h^{-1}$ とする．このとき h は，$\tilde{\mu}$ の対称性から，

$$h(1/\bar{z}) = 1/\overline{h(z)}$$

を満たす．すなわち，単位円板の自己擬等角写像であることが分かり，μ_g は単位円板上で恒等的に 0 である．したがって g は原点のある一様近傍で一様リプシッツ連続であることが示せる．

一方，森の定理（第 III 章 B 節の定理 2）より，h は指数 $1/K$ での一様 Hölder 条件を満たす．したがって $\check{f}^{-1} = h^{-1} \circ g^{-1}$ も原点のある近傍で指数 $1/K$ での一様 Hölder 条件を満たすので，主張を得る．

補足説明 (V-7)

図にある半円を C とし，その内部を D,
$$f = |F|^p - \frac{p}{p-1}|u|^p$$
として，補足説明 (V-3) のストークスの公式を $P = f_\zeta$ に対して使うと
$$\iint_D f_{\zeta\bar{\zeta}}\, d\xi\, d\eta = \frac{1}{2i}\int_C f_\zeta\, d\zeta$$
である．$4f_{\zeta\bar{\zeta}} = \Delta f$ なので，両辺の実部を比べれば
$$\iint_D \Delta f\, d\xi\, d\eta = \int_C f_\xi\, d\eta - f_\eta\, d\xi \geq 0$$
を得る．

一方，定義より $F_\zeta = O(1/|\zeta|^2)$ なので，上半円部分 Γ での積分は
$$\left|\int_\Gamma f_\zeta\, d\zeta\right| \leq \int_0^\pi O(1/R^2) R\, d\theta \to 0 \quad (R \to \infty)$$
と評価できる．したがって
$$\int_C f_\xi\, d\eta - f_\eta\, d\xi \to \int_\mathbb{R} -f_\eta\, d\xi = -\frac{\partial}{\partial \eta}\int_\mathbb{R} f\, d\xi \quad (R \to \infty)$$
が示せた．

補足説明 (VI-1)

Ω の部分群 Γ_0 が（H 上真性）不連続であるとは，H の各点 z に対し z の近傍 U で $U \cap \gamma(U) \neq \emptyset$ となる $\gamma \in \Gamma_0$ が有限個しかないものが存在することとする．このような群 Γ_0 はフックス群とも呼ばれる．

Ω の不連続部分群が（リー群 Ω の）離散部分群であることは明らかだが，この場合には逆も成り立つ．したがって，Ω の不連続部分群を離散部分群と呼んでもよい．

また，任意の点 $z \in H$ に対し不連続部分群 Γ_0 に関する z の軌道を
$$\Gamma_0 z = \{A_0 z \mid A_0 \in \Gamma_0\}$$
で定義する．Γ_0 の不連続性より，これは H の閉部分集合になる．さらに，軌道 $\Gamma_0 z$ の（リーマン球面 $\widehat{\mathbb{C}}$ での）集積点全体の集合を，Γ の極限集合と

呼び $\Lambda(\Gamma_0)$ で表す. $\Lambda(\Gamma_0)$ は $\widehat{\mathbb{R}} = \mathbb{R} \cup \{\infty\}$ の閉部分集合である.

ここで極限集合の定義は見かけ上 z の取り方に依存するが, Ω の元が H 上の双曲距離に関する等長変換であることから, 任意の $z' \in H$ に対しても, その軌道 $\Gamma_0 z'$ の ($\widehat{\mathbb{C}}$ での) 集積点全体の集合は $\Lambda(\Gamma_0)$ と一致する.

$\Lambda(\Gamma_0)$ が高々 2 点の場合は Γ_0 は初等的であると呼ばれるが, この場合は完全に分類されている. (被覆変換群 Γ_0 が初等的であるのは, 対応するリーマン面が開円板, 同心円環, $\{0 < |z| < 1\}$ のいずれかに等角同値である場合に限る.)

非初等的な Γ_0 に対しては, $\Lambda(\Gamma_0)$ の点 x に対しても, 軌道 $\Gamma_0 x$ の閉包が $\Lambda(\Gamma_0)$ と一致することが示せる.

また, 被覆変換群 Γ_0 は, 恒等写像以外に位数有限な元は含まない. したがって, 恒等写像でない Γ_0 の元の固定点は $\widehat{\mathbb{R}}$ 上にある. さらに非初等的な Γ_0 の元は $\widehat{\mathbb{C}} - \Lambda(\Gamma_0)$ 上の双曲距離に関しても等長変換であり, Γ_0 が $\widehat{\mathbb{C}} - \Lambda(\Gamma_0)$ 上で (真性) 不連続であることも分かる.

補足説明 (VI-2)

Ω の不連続部分群 Γ_0 が第一種であるとは, $\Lambda(\Gamma_0) = \widehat{\mathbb{R}}$ が成り立つことである.

定理 7 被覆変換群 Γ_0 に対し, 以下は同値である.

1. Γ_0 は第一種である.
2. 恒等写像でない Γ_0 の元の固定点全体の集合 $\mathrm{Fix}(\Gamma_0)$ は $\widehat{\mathbb{R}}$ で稠密である.
3. $\widehat{\mathbb{R}}$ は Γ_0 で不変な空でない最小の閉集合である.

証明 Γ_0 を非初等的で, 恒等写像以外に有限位数の元を持たない, Ω の不連続部分群とする.

このとき, $\Lambda(\Gamma_0)$ が Γ_0 不変であることは定義から明らかである. 逆に Γ_0 で不変な空でない閉集合 E に対して, $E \cap \Lambda(\Gamma_0) \neq \emptyset$ となることは容易に示せる. この共通部分の点 x に対して $\Gamma_0 x$ の閉包が $\Lambda(\Gamma_0)$ だったから, E は $\Lambda(\Gamma_0)$ を含む. したがって, $\Lambda(\Gamma_0)$ は, Γ_0 で不変な空でない最小の閉集

合である.

次に, Fix(Γ_0) $\subset$ $\Lambda(\Gamma_0)$ であることは定義より簡単に分かる. さらに Fix(Γ_0) は Γ_0 で不変だから, Fix(Γ_0) は $\Lambda(\Gamma_0)$ 内で稠密である.

以上で定理のいずれの条件も $\Lambda(\Gamma_0) = \widehat{\mathbb{R}}$ であることと同値であることが分かった. □

補足説明 (VI-3)

シュワルツ微分は元来, 一次分数変換が満たす微分方程式として導かれた. 実際

$$A(z) = \frac{az+b}{cz+d} \quad (ad - bc \neq 0)$$

とすると,

$$A'(z) = \frac{ad-bc}{(cz+d)^2} \quad \text{より} \quad \frac{A''}{A'} = \frac{-2c}{cz+d}$$

となる. したがって

$$[A] = \left(\frac{A''}{A'}\right)' - \frac{1}{2}\left(\frac{A''}{A'}\right)^2 = 0$$

が得られる.

補足説明 (VI-4)

η と $-\phi/2$ の ∞ でのローラン展開を

$$c_N z^{-N} + c_{N+1} z^{-N-1} + \cdots, \quad b_4 z^{-4} + b_5 z^{-5} + \cdots$$

とする. ただし $c_N, b_4 \neq 0$ で N は非正の整数でもよいとする. このとき

$$\eta'' = N(N+1)c_N z^{-N-2} + \cdots, \quad -\frac{1}{2}\phi\eta = b_4 c_N z^{-N-4} + \cdots$$

だから, $N(N+1) = 0$ でなければならない.

したがっていずれの場合にも

$$\eta_k = a_k z + b_k + c_{1,k}\frac{1}{z} + \cdots$$

と表せる．（ただし a_1, a_2 はともに 0 でもよい．）さらに，正規化条件 $\eta_1'\eta_2 - \eta_2'\eta_1 = 1$ から $a_1 b_2 - a_2 b_1 = 1$ が得られる．

補足説明 (VI-5)

$$A^\mu = f^\mu \circ A \circ (f^\mu)^{-1}$$

で $f = f^\mu$, $g = (f^\mu)^{-1}$ として $\dot{f}$ の存在は示されているから $\dot{g}$ の存在を示せばよい．

まず

$$\tilde{\mu} = \mu_g = \left(-\mu \frac{f_z}{f_{\bar{z}}}\right) \circ g$$

で，$\mu_f \to 0$ よりほとんどすべての点で $f_z \to 1$ であるから

$$\tilde{\mu} = -t\nu + o(t)$$

と表せる．したがって，同様の議論で $\dot{g}$ が存在し

$$\dot{g}(\zeta) = \frac{1}{\pi}\iint_{\mathbb{C}} \nu(z) R(z,\zeta)\, dx\, dy$$

が成り立つことが示せる．

したがって $\dot{A}$ も存在し

$$\dot{A} = \dot{f} \circ A + A' \cdot \dot{g}$$

が成り立つ．

訳者あとがき

> 幼時は成人をあらわす，朝(あした)が一日をあらわすごとく．
> 『楽園の回復・闘技士サムソン』John Milton 著
> 新井明訳　大修館書店 (1982)

> 常識に基づく推論の欠陥にはめったに気づかない．
> むしろ，「そのときは知らなかったが，
> あとから考えれば自明のこと」
> であるかのようにわれわれの目には映る．
> 『偶然の科学』[1] Duncan J. Watts 著
> 青木創訳　早川書房 (2012)

本書はアメリカ数学会から出版された Lectures on Quasiconformal Mappings, Second Edition (University Lecture Series Vol 38, 2006) のうち，The Ahlfors Lectures の部分の邦訳です．初版 (Van Nostrand, 1966) は現在手に入らないと思いますが，この第二版の The Ahlfors Lectures として（ほぼ）初版のままの内容を読むことができます．

Van Nostrand の初版の本は，当時の訳者が生活費を切り詰めて初めて買った洋書でした．その頃は洋書の（代理店の）為替レートが1ドル400円以上した時代で，Van Nostrand の安価なペーパーバック本を買うのが精一杯だったことを憶えています．

小さい本でしたが，当時最先端の刺激的な内容のみならず，その躍動感みなぎる語り口調のこの講義録のことは，今も強く印象に残っています．王道からの「わずかな逸脱」が，いかに危険で同時にいかに魅力的なものか，この本で思い知ったように思います．

---

[1] 原題は，EVERYTHING IS OBVIOUS *Once You Know the Answer*.

訳者あとがき

　現在手に入るアメリカ数学会からの第二版には，長い補足の章が追加されていますが，著者が語らなかったことごとを遙かに後の時代から講釈するのは，この古典的名作の正しい読み方とは私には思えません．

　とはいえ，当時まだ何も知らなかった訳者にはあまりにも「行間」が広すぎるところもありました．現代の読者の参考になるかもしれませんので（一大決心をして買った安価なペーパーバック本への訳者自身の書き込みメモをもとに）いくつかの訳注をつけることにし，一方で，今の時代からの注釈は極力避けることにしました．また，明らかなケアレスミスと思えるものなどは独断で修正しました．その他にも，若かった訳者が行間と格闘した当時のメモ書きのいくつかを補足説明として付録に収録させていただきました．

　思えば，タイヒミュラーの証明の再構成と一般化を与えた1953年のアールフォルスの記念碑的論文の後，この講義録が作られるまでの約10年間に，この本のテーマはまさに爆発的な変動を起こしました．その疾風怒濤のなかを常に先頭に立って駆け抜けたアールフォルス自身の名講義を，できるだけ当時の臨場感を保って訳すよう努めたつもりです．

　もとより私の訳注も補足説明もほとんどが不要かもしれませんし，間違いを新たに付け加えてしまったかもしれません．ただ，この私的な「翻訳」に私の偏狭さや未熟さがにじみ出ていたとしても，少なくともアールフォルス先生はあの優しいほほえみを浮かべながら許してくれると信じています．

2015年　訳者記

謝辞　本書の原稿を読んでくださって，たくさんの間違いの指摘や修正意見をくださった須川敏幸氏（東北大学），藤川英華氏（千葉大学），松崎克彦氏（早稲田大学），宮地秀樹氏（大阪大学）の皆さまにはこの場を借りて，心からお礼申し上げます．もちろんまだまだ残っていると思われる間違い等は，すべて訳者の責任であることは申し上げるまでもありません．

　最後に，丸善出版の三崎一朗氏，立澤正博氏お二人のご尽力がなければ，本書が出版されることはなかったでしょう．この場をお借りして，お二人ほか丸善出版の皆さまに深く感謝いたします．

索　引

●英数字

1/4 定理　145
μ-等角写像　91
ACL　22
Calderón–Zygmund の不等式　82
K-qc　5, 19, 22
K-擬等角　5, 19, 22
　　定義 A　19
　　定義 B　22
　　定義 B′　27
M-条件　61
qc　5
qc 拡張　70
qc 鏡映変換　70
Riesz–Thorin の凸性定理　102
Weyl の補題　84, 86

●か行

可測型リーマン写像定理　79
擬等角　5
擬等角拡張　70
擬等角鏡映変換　70
擬等長　68
擬フックス群　113
極限集合　161

極値的距離　76
極値的長さ　9
許容された（関数）　9

●さ行

自明（なベルトラミ微分）　127
シュワルツ微分　114
初等的（フックス群）　162
正規解　85
正規族　152
正則族　124
正則二次微分　116

●た行

第 2 複素歪曲度　5
第一種（フックス群）　113, 162
タイヒミュラー距離　110
タイヒミュラー空間　110
同値な同型　109

●は行

複素歪曲度　4
フックス群　161
普遍タイヒミュラー空間　118
不連続（群）　161

ベルトラミ微分　111
ベルトラミ方程式　79

●ま行
密度点　143
面積定理　145

モジュラス　7, 11, 19
森(明)の定理　45

●わ行
歪曲定理　144
歪曲度　4

著者
L.V. アールフォルス（Lars V. Ahlfors）

訳者
谷口　雅彦（たにぐち　まさひこ）
奈良女子大学研究院教授（自然科学系）.

数学クラシックス　第 29 巻
擬等角写像講義

平成 27 年 8 月 20 日　発　行

著　者　　L.V. アールフォルス

訳　者　　谷　口　雅　彦

発行者　　池　田　和　博

発行所　　丸善出版株式会社
〒101-0051 東京都千代田区神田神保町二丁目 17 番
編集・電話 (03) 3512-3266／FAX (03) 3512-3272
営業・電話 (03) 3512-3256／FAX (03) 3512-3270
http://pub.maruzen.co.jp/

© Masahiko Taniguchi, 2015

組版印刷・大日本法令印刷株式会社／製本・株式会社松岳社

ISBN 978-4-621-08959-0 C 3341　　　Printed in Japan

本書の無断複写は著作権法上での例外を除き禁じられています.